高等职业教育粮食类专业教材

中国轻工业“十四五”规划教材

油脂制取技术

主编

邵珍美

中国轻工业出版社

图书在版编目（CIP）数据

油脂制取技术 / 邵珍美主编. — 北京: 中国轻工业出版社，2024. 10

ISBN 978-7-5184-4554-7

Ⅰ. ①油… Ⅱ. ①邵… Ⅲ. ①油脂制备—教材 Ⅳ. ①TQ644

中国国家版本馆 CIP 数据核字（2023）第 176033 号

责任编辑：王　婕

策划编辑：张　靓　　责任终审：李建华　　封面设计：锋尚设计

版式设计：砚祥志远　　责任校对：朱燕春　　责任监印：张京华

出版发行：中国轻工业出版社（北京鲁谷东街 5 号，邮编：100040）

印　　刷：艺堂印刷（天津）有限公司

经　　销：各地新华书店

版　　次：2024 年 10 月第 1 版第 1 次印刷

开　　本：787×1092　1/16　印张：13. 5

字　　数：300 千字

书　　号：ISBN 978-7-5184-4554-7　定价：52. 00 元

邮购电话：010-85119873

发行电话：010-85119832　010-85119912

网　　址：http://www.chlip.com.cn

Email: club@ chlip.com.cn

230783J2X101ZBW

本书编写人员

主　编　邵珍美（山东商务职业学院）

副主编　田晓花（山东商务职业学院）
黎海红（山东商务职业学院）
樊镇棣（山东商务职业学院）

参　编　魏金霞（河南工业贸易职业学院）
纪伟东（黑龙江交通职业技术学院）
陈　亮（迈安德集团有限公司）
周茂鑫（山东金胜粮油食品有限公司）
马　栎（江苏财经职业技术学院）
孟　瑶（龙口香驰粮油有限公司）
唐若琪（山东商务职业学院）
陈玉萍（鲁北技师学院）
郑惇元（甘肃财贸职业学院）
张丽华（鲁北技师学院）

本书配套数字资源的获取与使用

本书配套数字资源已上线超星学习通数字教材，师生可通过学习通获取本书配套的PPT课件、微课视频、在线测验等。

下载学习通，注册并登录

首页→应用中心→数字教材→搜索教材名称

教师端

教师建课→学生扫码进班→开展混合式教学

学生端

学生学习→选择自学或加入班级

前言

在人类社会的发展历程中，油脂作为重要的能源和营养来源，始终占据着举足轻重的地位。从古老的压榨法到现代的浸出技术，油脂制取技术经历了漫长而辉煌的演变过程。随着科技的进步和人们健康、环保意识的日益增强，油脂制取技术也在不断创新，向着更高效、更环保、更健康的方向发展。

油脂制取（生产）是保障粮食安全的一项基础性和关键性工作。本书参照《制油工》国家职业标准，坚持产教融合，创设油脂制取企业工作情境。以压榨花生油、浸出大豆油等生产项目为载体，按照“工艺流程图识读→核心设备认知→生产（仿真）操作→生产质量控制”的编写思路，由简单到复杂、由设备操作到工艺控制、由生产操作到生产管理，梳理典型工作任务，实现知识与技能水平逐级提升。

本书内容紧跟油脂制取新技术、新工艺、新规范、新设备发展，贴近行业企业前沿，赋予内容较强的实践性和先进性；融入丰富、适用的图片、视频、动画等，以二维码形式嵌入立体化、信息化课程资源，凸显教育信息化特点，方便读者学习，利于学习效率提升；融入精益管理思想和智慧加工理念，更好地发挥立德树人的重要作用。

本书由邵珍美担任主编，田晓花、黎海红、樊镇棣担任副主编。具体编写分工为：项目一的任务一，项目三的任务一、二、三由邵珍美编写；项目二的任务一由田晓花、魏金霞、纪伟东、陈亮编写；项目二的任务二由田晓花和周茂鑫编写；项目三的任务四、五由黎海红和马栎编写；项目三的任务六由樊镇棣和孟瑶编写；项目四的任务一由唐若琪和陈玉萍编写；项目四的任务二由黎海红和郑惇元编写；项目四的任务三由田晓花和张丽华编写。全书由邵珍美统稿定稿。

本书巧妙地将视频动画、微课等多媒体资料与教材内容紧密结合，读者在学习过程中，只需扫描二维码，即可直接观看相关资源，使学习更加直观、生动；对于复杂的设备结构，本书特别提供了 AR（增强现实）技术支持。读者通过使用手机浏览器扫描二维码，安装 AR 植物油制取（安卓版），即可在移动设备上观看设备的三维结构和工作原理，实现深度理

AR植物油制取
（安卓版）

解和互动学习；作为粮食类专业教学资源库课程的配套教材，读者还可以登录智慧职教平台，搜索并进入“粮食储运与质量安全（山东商务）”项目，进一步学习油脂制取技术课程，助力读者全面掌握专业知识。

本书编写过程中参考了大量文献资料，未能一一列出，在此，向所有支持本书编写工作的同行及引用书籍、论文、网络资料的作者深表感谢！

由于编者水平所限，本书难免有不妥之处，恳请广大读者提出宝贵意见，以便再版时修订。

编　者

课程简介

1. 课程性质描述

油脂制取技术是粮食工程技术与管理专业的专业核心课程，本课程基于工作过程开发，对接制油工国家职业技能标准。

适用专业：粮食工程技术与管理。

开设时间：第 3 学期。

建议课时：64 学时。

2. 典型工作任务描述

本教材参照《制油工》国家职业技能标准和油脂企业实际生产任务，“课岗赛证”融合，由传统到现代、由继承到创新、由基础到特色，以激发科技爱国情怀为引领，融入精益管理思想，培养懂油脂制取工艺、精设备操作与运维、会油脂生产现场管理的复合型高素质技术技能人才为目标，逐层推进教学内容梳理与调整，重构油脂制取工作认知、压榨花生油制取、浸出大豆油制取、特种油脂制取四大项目，依据油脂生产企业真实工作情境确定油脂制取岗位认知、油料及制油方法认知、花生预处理、花生油压榨、大豆预处理、大豆油浸出、湿粕脱溶、混合油处理、溶剂回收、浸出大豆油生产仿真系统开停车操作、水代法制取小磨香油、亚临界萃取小麦胚芽油、超临界萃取稻米油 13 个典型学习任务。结合油脂制取工作流程设计教学活动，学生在完成学习活动的同时体验油脂制取的工作过程。

通过学习深入了解油脂制取的工作程序和内容，全面掌握油脂制取工艺流程；培养对油脂制取实际问题的敏锐洞察力，能够运用所学知识对遇到的问题进行有效分析和妥善处理；强化安全环保意识、资源循环利用的意识，确保油脂生产的可持续性和生态友好性；融入精益求精、追求卓越的“工匠精神”，不断提升专业技能和工程应用能力，为未来从事油脂制取及相关领域的工作打下坚实的理论和实践基础，助力职业生涯的长远发展。

3. 课程学习目标

通过本课程的学习，应该达到以下目标。

（1）能读懂食用油脂生产工艺流程，能正确绘制油脂制取工艺流程图。

（2）能准确识别油脂制取核心设备的结构。

（3）能精确选择油脂制取各工序的工作参数。

（4）能按照压榨法、浸出法油脂制取操作规程准确完成实机训练或仿真操作。

（5）能正确操作控制油脂制取核心设备。

（6）能进行系统的日常调节控制和常见故障分析处理。

（7）能正确完成油脂制取生产线的开停车操作。

4. 学习组织形式与方法

学生划分小组，小组划分兼顾学生的学习能力、性格等个体差异，以自愿为原则进行组合。教师的作用是策划、分析、辅导、评估和激励，根据实际工作任务设计教学情境。学生进行主体性学习，主动思考、自己决定、实际动手操作。学生小组长引导小组成员制订详细规划，进行合理有效的分工。本课程倡导行动导向教学，通过问题引导，促进学生主动思考和学习，学生在工作小组互相合作共同完成工作任务。

5. 学习任务设计

学习任务设计见表 0-1。

表 0-1　　　　学习任务设计

序号	项目	载体	任务	学习任务简介	建议学时
1	油脂制取工作认知	1.《油脂制取企业生产部门岗位职责》 2.《油脂制取企业安全操作手册》 3. GB 19641—2015《食品安全国家标准　食用植物油料》	任务一 油脂制取岗位认知	1. 油脂制取岗位职责、需求调查 2. 填写油脂生产企业安全生产明白卡	2
			任务二 油料及制油方法认知	1. 油料认知 2. 制油方法认知	2
2	压榨花生油制取	1. 150t/d 规模压榨花生油生产线 2. LB/T 144—2020《绿色食品　物理压榨花生油生产操作规程》 3. NY/T 2786—2015《低温压榨花生油生产技术规范》	任务一 花生预处理	1. 花生预处理系统工艺流程图识读 2. 花生预处理系统核心设备认知 3. 花生预处理系统核心设备操作 4. 花生预处理系统生产质量控制	6
			任务二 花生油压榨	1. 花生油压榨系统工艺流程图识读 2. 花生油压榨系统核心设备认知 3. 花生油压榨系统核心设备操作 4. 花生油压榨系统生产质量控制	6

续表

<table>
<tr><th>序号</th><th>项目</th><th>载体</th><th>任务</th><th>学习任务简介</th><th>建议学时</th></tr>
<tr><td rowspan="6">3</td><td rowspan="6">浸出大豆油制取</td><td rowspan="6">1. 4000t/d 规模浸出大豆油仿真系统
2. LB/T 101—2020《绿色食品　预榨浸出大豆油生产操作规程》
3.《大豆油生产质量安全技术规范》</td><td>任务一
大豆预处理</td><td>1. 大豆预处理工艺流程图识读
2. 大豆预处理核心设备认知
3. 大豆预处理仿真系统操作
4. 大豆预处理生产质量控制</td><td>6</td></tr>
<tr><td>任务二
大豆油浸出</td><td>1. 大豆油浸出工艺流程图识读
2. 大豆油浸出核心设备认知
3. 大豆油浸出仿真系统操作
4. 大豆油浸出生产质量控制</td><td>8</td></tr>
<tr><td>任务三
湿粕脱溶</td><td>1. 湿粕脱溶工艺流程图识读
2. 湿粕脱溶核心设备认知
3. 湿粕脱溶仿真系统操作
4. 湿粕脱溶生产质量控制</td><td>6</td></tr>
<tr><td>任务四
混合油处理</td><td>1. 混合油处理工艺流程图识读
2. 混合油处理核心设备认知
3. 混合油处理仿真系统操作
4. 混合油处理生产质量控制</td><td>6</td></tr>
<tr><td>任务五
溶剂回收</td><td>1. 溶剂回收工艺流程图识读
2. 溶剂回收核心设备认知
3. 溶剂回收仿真系统操作
4. 溶剂回收生产质量控制</td><td>6</td></tr>
<tr><td>任务六
浸出大豆油生产仿真系统开停车</td><td>1. 浸出大豆油生产仿真系统开车操作
2. 浸出大豆油生产仿真系统停车操作</td><td>10</td></tr>
<tr><td rowspan="3">4</td><td rowspan="3">特种油脂制取</td><td rowspan="3">1. 自动化小磨香油生产线（13t/d 规模）、亚临界萃取小试生产线（5L）
2.《小磨香油生产操作规程》《亚临界萃取操作规程》《超临界萃取操作规程》</td><td>任务一
水代法制取小磨香油</td><td>1. 传统小磨香油生产工艺控制
2. 自动化小磨香油生产工艺认知</td><td>2</td></tr>
<tr><td>任务二
亚临界萃取小麦胚芽油</td><td>1. 亚临界萃取技术认知
2. 亚临界萃取小麦胚芽油工艺控制</td><td>2</td></tr>
<tr><td>任务三
超临界萃取稻米油</td><td>1. 超临界萃取技术认知
2. 超临界萃取稻米油工艺控制</td><td>2</td></tr>
</table>

6. 学业评价

学业评价见表 0-2。

表 0-2　　学业评价

<table>
<tr><td colspan="2">班级</td><td colspan="2">学号</td><td colspan="4">姓名</td></tr>
<tr><th>项目</th><th>任务</th><th>比例</th><th>分值</th><th>项目</th><th>任务</th><th>比例</th><th>分值</th></tr>
<tr><td rowspan="2">一</td><td>一</td><td>5%</td><td></td><td rowspan="3">三</td><td>四</td><td>10%</td><td></td></tr>
<tr><td>二</td><td>5%</td><td></td><td>五</td><td>10%</td><td></td></tr>
<tr><td rowspan="2">二</td><td>一</td><td>7%</td><td></td><td>六</td><td>10%</td><td></td></tr>
<tr><td>二</td><td>8%</td><td></td><td rowspan="4">四</td><td>一</td><td>5%</td><td></td></tr>
<tr><td rowspan="3">三</td><td>一</td><td>10%</td><td></td><td>二</td><td>5%</td><td></td></tr>
<tr><td>二</td><td>10%</td><td></td><td>三</td><td>5%</td><td></td></tr>
<tr><td>三</td><td>10%</td><td></td><td></td><td></td><td></td></tr>
<tr><td>总分</td><td colspan="7"></td></tr>
</table>

目 录 CONTENTS

项目一 油脂制取工作认知

任务一 油脂制取岗位认知

情境描述

当前，我国食用油供给安全形势严峻，食用植物油自给率不足三分之一，现阶段我国大力实施大豆和油料产能提升工程，让“油瓶子”里尽可能多装中国油。油脂制取（生产）是保障粮食安全的一项基础性和关键性工作。油脂制取工作认知是从新手到准员工的第一课，起着成才发展的“导航”作用。

依据国家职业资格标准，制油工是从事植物油料预处理、油脂制取、油脂精炼、产品（油、饼粕）包装工作的人员。掌握油脂制取技术是成长为一名合格制油工的必备技能。通过企业调研、查阅资料，明确岗位职责，掌握油脂制取的质量管理、卫生管理和生产安全等知识，完成油脂制取岗位认知。

学习目标

知识目标

1. 明晰油脂制取岗位的核心职业技能和基本职业素养。
2. 掌握油脂制取质量管理、卫生管理和安全生产知识。

能力目标

1. 能简单阐述油脂制取岗位应具备的基本素质。
2. 能初步识别油脂制取岗位的安全隐患。

素质目标

1. 通过调研油脂制取企业岗位需求及岗位职责，激发职业理想，提升职业责任感。

2. 学习工业卫生、环境保护知识，树立环保意识，增强保护环境、节能降耗的紧迫感、使命感和责任感。

3. 明确油脂制取安全生产相关要求，遵守安全操作规章，培养劳动安全意识。

任务书

查阅文献，收集资料，调研浸出大豆油工厂、压榨花生油工厂等油脂生产企业，了解油脂制取岗位的基本职责，完成油脂制取岗位认知任务。油脂制取岗位认知工作任务单见表1-1。

表1-1　　油脂制取岗位认知工作任务单

班级		组号		组长		日期		指导老师	
成员									
序号	工作任务		要求				知识链接		
1	油脂制取岗位职责、需求调查		查询5个企业，了解油脂制取相关岗位的招聘信息，填写岗位需求调查表				油脂制取企业生产操作一般程序和内容；设备的维护和保养的基本知识		
2	油脂生产企业安全生产明白卡填写		根据油脂生产企业安全生产相关要求，填写油脂生产企业安全生产明白卡				油脂制取企业生产安全知识：设备使用守则，人身安全与保护知识；设备安全知识；安全用电知识；防火、防爆须知；工业卫生与环境保护知识		
工作准备	收集整理油脂制取质量管理、卫生管理和安全管理等相关资料。 阅读《工作任务书》，调研企业新入职员工培训内容，了解油脂制取岗位的基本职责等								

工作实施

子任务一　油脂制取岗位职责、需求调查

引导问题1：高等职业教育粮食工程技术与管理专业学生在油脂生产

企业的目标岗位是__________，首次就业岗位是__________。

引导问题 2： 简单说明油脂制取"生产操作"工作的一般程序包括哪些内容。

____

____

____

任务实施

利用网络资源或问卷调查收集整理油脂制取岗位的招聘信息，填写油脂制取企业岗位需求及岗位职责调查表（表 1-2），总结梳理该岗位的工作职责，初步明晰油脂制取岗位的核心职业技能和基本职业素养。

表 1-2 油脂制取企业岗位需求及岗位职责调查表

序号	企业名称	岗位名称	岗位职责	信息来源
1				
2				
……				
基本职业素养				
核心职业技能				

知识链接

油脂制取运行与管理的一般要求

油脂生产运行人员（生产操作人员）应按工艺技术文件的规定进行操作，各主要作业机之间保持良好的连续性和协调性（负荷平衡），确保所有的设备、管线和控制系统在工艺技术设定的参数范围内运行，并使各部作业机达到最佳的工艺效果和经济效果。如果操作员技术不熟练，甚至操作错误，不仅达不到预期的工艺效果，还会产生设备故障甚至造成生产事故。

一、油脂制取生产操作的一般程序和内容

油脂制取生产操作的一般程序包括：开车前准备，开车时的操作，正常开车操作及最佳运行状态的调试，正常停车操作及紧急停车操作等，各操作步骤的主要内容如下。

1. 开车前准备

（1）全面了解油料的来源、质量（含油、杂质、水分、颗粒大小）及对油品、油饼的质量要求等情况，采取相适应的工艺措施。

（2）检查各个机器部件、吸风除尘系统以及电气控制设备的完好情况，如发现有残缺或破损时，应立即进行修整或者更换。

油脂制取企业质量分析与处理

（3）检查各机器部件的进口、出口及中间管道有无阻塞现象。周密检查蒸汽系统的设备、管路、阀门及汽水分离器有无漏汽及阻塞现象。检查油池、输油管路及阀门是否漏油、完好。

（4）对机器设备的所有转动部分，应先予以盘动。检查各种设备的润滑情况，各轴承和油杯应保持有适量的润滑油。

（5）对传动带的松紧度和接头的牢固程度做缜密检查，如发现有不符合运转要求，应立即纠正。

（6）对各筛选设备筛孔的通顺情况、筛面松紧度和筛面的磨损程度进行检查，如有不妥之处，应即采取措施。

（7）对新检修完毕的机器设备，应注意检查有无工具或机械零件遗留在内。检查磁钢的吸铁能力是否符合规定要求。

（8）预先领好运转中需用的备品及物料。

（9）检查各种设备上的开关、压力表、安全阀、温度计等仪表及控制系统的灵敏度。校验衡器，保证准确。

（10）在调换不同品种油料加工时，或遇清仓换批，应将所有机器设备及管道中积存的物料全部清出并称重。

（11）各工序的操作工，在开车前，除均应做好上述准备工作外，应根据工艺过程的不同，分别做好准备工作。

（12）各项工作准备就绪后，应用信号或口头与有关工序联系，待全部准备妥当后，才准按工艺顺序开车（但须先开通风机）。

2. 开车时的操作

（1）开动后，应进行短时间的空车运转，以查看各转动部分是否正常，运转方向是否正确，如发现有故障或不符合运转要求者，应立即采取措施。

（2）设备的进料门必须在空车运转正常后，才准开启。

（3）检查机器设备进料后的工艺效果是否符合规定的要求，如有不正常情况，应立即进行调整。

（4）检查各轴承有无发热、漏油现象，轴承座是否平稳。

（5）检查传动带有无打滑、走单边现象。

（6）检查链条与链轮、齿轮与齿轮的啮合是否良好。

（7）检查各减速箱运转是否良好，动力负荷是否正常。

（8）检查机器有无噪声和异常振动的情况。

（9）检查存料斗有无搭桥、堵塞现象，落料是否通畅。

（10）注意各机器设备的效能，如有效率降低或不正常等情况发生，应立即检查，采取措施。

3. 正常开车操作及最佳运行状态的调试

（1）正常开车后，应根据“勤检查、勤观察、勤清理；流量均匀、厚薄适当；指标明确，专人操作，前后工序密切配合”的操作原则进行操作。

（2）操作中应充分利用感官判断设备工作状况及工艺效果好坏。各工段设备的操作具体要求见后序相关任务。

（3）设备正常开车后，应尽快将设备调至最佳运行状态。一般的方法是，在保证工艺效果的前提下，逐步增大设备的处理量，使生产能力达到或超过设计能力（一般通过测定而知），并使机器设备运转正常（工作电流为额定值），无异常振动及磨损。

4. 正常停车操作

（1）正常停车前的准备工作

①停车前应关闭进料门。

②清扫车间内散落的原料。

③在做好停车准备工作以后，方可停车。

（2）停车后的注意事项

①凡停车在一天以上时，各机器中的原料都要打扫干净。

②停车后，应对设备进行检查，如发现设备部件有损坏或失灵时应按规定程序进行检修。

5. 紧急停车操作

在生产过程中，若遇人身或设备安全受到威胁或已发生事故，应立即采取紧急停车措施。其操作的程序是：立即切断电源，使设备停止运转；然后迅速关闭主辅物料进口；接下来排除设备故障，检修正常后，再按正常的程序重新开车。

二、设备的维护和保养

油脂制取设备自动化是确保油脂生产过程达到安全生产、降低消耗、高效产出、利于环保等综合生产目标的必经之路。随着设备自动化技术的提高，预防性维护变得尤为重要。为保证生产任务顺利完成，设备使用者应持续进行设备状态监测，及时进行设备维护和保养。

设备的维护保养工作，依据工作量大小和难易程度，分为日常保养、一级保养和二级保养。日常维护保养是制油工每天的例行保养，主要包括班前后制油工认真检查、擦拭设备各个部位和注油保养，使设备经常保持润滑清洁，班中设备发生故障，及时给予排除，并认真做好交接班记录。一级保养是以制油工为主、维修工为辅，对设备进行局部解体和检查，一般可每月进行一次。二级保养是以维修工为主、制油工参加，对设备进行部分解体检查修理，一般每年进行一次。

1. 维护保养的目的

维护保养是体现“预防为主”方针的主要内容。对设备加强运行中的维护保养、监测、检查、调整、润滑等工作，能够有效地保持设备的各项功能，延长设备的使用寿命，保证设备的安全运转和文明的工作环境，以达到最有效地使用设备，提高企业的经济效益。

2. 维护保养的要求

设备维护保养的要求可归纳为“四项要求”。

（1）整齐

①工具、附件齐全，放置整齐，工具箱、料架及加工件摆放合理。

②设备防护装置及零件齐全完整，各种标牌完整、清晰。

③各管道、电气线路应安装整齐、安全、可靠。

（2）清洁

①内外清洁，无油垢、锈蚀，无铁屑杂物。

②各滑动面、齿轮、齿条无油垢。

③设备周围地面经常保持清洁，无积油、积水和铁件及散落物料。

（3）润滑

①熟悉润滑图表，按时按质按量加油和换油，保持油标醒目。

②油箱、油池和冷却箱应清洁、无铁屑杂物。

③油壶、油枪、油孔、油杯、油线和油毡应保持齐全、清洁。

④油泵压力正常，油路畅通，各部位轴承润滑良好。

（4）安全

①熟悉设备性能，遵守安全技术操作规程。

②凭操作证操作设备。

③遵守设备操作的“五项原则”，懂得“三好四会”内容，并认真执行。

④电器线路接地可靠，绝缘良好，限位开关，信号仪表灵敏。

3. 设备主动维护系统

设备主动维护系统是一个以系统分析为主导，利用计算机硬件、软件、网络通信设备通过自动控制技术（OPC）驱动连接可编程逻辑控制器（PLC），进行设备信息的收集、传输、加工、储存、更新和维护，以战略竞优、提高效率为目的，支持高层决策、中层控制、基层运作的集成化的人机系统。使用它可以有效地管理设备资源、主动提醒设备保养维护，减少设备故障率，从而提高工作效率。

子任务二　填写油脂生产企业安全生产明白卡

引导问题 1： 食用植物油或食用植物油制品的操作人员及有关人员每年至少进行__________健康检查，必要时接受临时检查。新参加或临时参加工作的人员，必须经健康检查并取得__________合格证后工作。工厂应建立职工健康档案。

引导问题 2： 食用植物油制品操作人员不得将与生产无关的个人用品、饰物带入车间；进车间必须穿戴__________；头发不得__________；不得穿戴工作服、工作帽、工作鞋进入与生产__________的场地。

任务实施

安全生产是当今油脂生产企业完成和超额完成生产任务的重要保证。因此，油脂生产过程中制油工必须严格按照操作规程进行生产，同时必须具备一定的安全生产基本知识，一旦发生危险，能够妥善处理，减少经济损失和伤亡事故。要认真阅读油脂生产企业安全生产的基本要求，填写油脂生产企业安全生产明白卡（表 1-3）。

油脂制取企业生产部门岗位职责

表 1-3　　油脂生产企业安全生产明白卡

序号	隐患	隐患排除措施
1	粉尘爆炸	
2	用电安全	
3	溶剂泄漏	
4	设备操作安全隐患	
油脂制取企业的安全文明生产主要体现		

知识链接

油脂制取企业生产安全知识

《食品安全管理体系　食用油、油脂及其制品生产企业要求》

一、设备使用守则

（一）“三好”要求

操作人员应该做到的“三好”是指管理好、使用好和维护保养好设备。

（1）管理好　对使用设备专人专管，不擅离职守，设备在运行时必须有人在场；保持设备的完整性，其中包括设备随机配备的各种工器具，使设备始终处于零件整齐的状态；认真做好每班的交接班记录。

（2）使用好　严格按照设备的操作规程操作设备，做到不让设备超负荷运行；文明操作设备，设备上不准乱放工具、杂物等。

（3）维护保养好　使设备保持“整齐、清洁、润滑、安全”状态，懂得设备的工作原理、性能和基本结构，能识别设备的基本故障，并采取适当的应急措施。参加设备的保养、试车和验收工作。

（二）“四会”要求

“四会”的内容包括会使用、会保养、会检查和会处理故障四个方面。

（1）会使用　指的是熟悉各工段加工工艺，了解各设备在工艺流程中的作用和地位，正确选用设备的有关技术参数，掌握设备的技术性能和操作方法，此外还要能够合理地调节设备上有关附件的位置和尺寸。

（2）会保养　按规定及时清洁机器，保证设备内外清洁，无油垢、无腐蚀；保证滑动面和传动部位的运动正常，按照说明书上的要求定时加润滑油。

（3）会检查　主要要求操作者在交接班时应仔细检查机器各运动部件是否正常，及时检查有无事故隐患等。

（4）会处理故障　能鉴别机器运转时的正常与异常，并能判断其部位，找出原因；设备出现故障，及时采取措施，自己不能排除此故障时，应该立即报告，让维修人员来处理；事故发生后保护现场，及时报告，认真分析。

（三）使用设备的“五项纪律”

操作人员必须遵守使用设备的“五项纪律”，这五项纪律的内容如下。

（1）遵守规程和操作规范。遵守安全技术操作规程和工艺文件的要求，参加员工技术培训合格后方可上岗。

（2）做好清洁与润滑工作。要使设备在清洁和润滑方面达标，做到不搞好润滑工作不开车、不搞好清洁工作不下班。

（3）遵守交接班制度中的各项规定。严格办理交接班手续，填好交接班及运转台时记录。

（4）管理好随机的工件、工具，无一遗漏。这条纪律遵守得好，可使设备作为一个整体，始终保持完整的状态。

（5）做好设备的安全防灾工作。发现故障立即停机检查或报告。

二、人身安全与保护知识

（一）生产、检修中的安全保护

（1）制油工进入车间，必须身着整齐工作服。

（2）生产和检修均应明确专人负责联系，避免误合闸起动。

（3）在维修设备时应随时清理地上油污，以免使人滑倒跌伤。

（4）使用手电钻时，必须戴上橡胶绝缘手套，电钻外壳最好要接地。

（5）在吊装设备的危险工作区域应挂上警告牌，不许外人进入工作区域。

（6）挖好基坑未进行下一步施工前，应在四周圈上栏杆，防止行人陷落。

（7）在 2m 以上的高处作业时，要用结实的脚手架或梯子，工具应放在专用的金属箱或背包中；在高处的脚手架台应有牢固的围圈，以防材料和工作物由高处落下；梯子的两端要装牢，末端装上橡皮头以防沿地板滑动。

（8）在 3m 以上的高处作业时，要系安全带，在脚手架下面工作时要戴安全帽。

（9）禁止从高处向下丢工具、材料、绳索等物件。

（10）高处作业应特别注意空中电线。

（二）发生生产事故时的处理

（1）生产中发现下述情况应立即采取紧急停车措施。

①有人触电或被运转的设备缠住衣物、头发时。

②物料堵塞或大量泄漏时。

③机器设备局部温度过高（如轴承温升太高）或发生火花时。

④设备内产生异常响声（撞击噪声）时。

⑤空气中粉尘浓度达到可能爆炸的范围时。

⑥负载电流突然超过规定值或确定断相运行状态时。

⑦主要控制仪表、测量仪表、电气仪表失灵又无法及时更换时。

⑧车间内或周围发生火灾时。

⑨其他影响安全生产、可能发生设备及人身事故的情况发生时。

（2）紧急停车后，应根据不同的情况，采取相应的应急措施。

（3）如实填写生产原始记录，分析说明产生事故的原因，并将情况向

油脂制取企业安全操作手册

有关负责人汇报。

（三）发生人身伤亡事故时的处理

1. 外伤救护

当人不小心从高处跌落，手、脚、头发或身体其他部位被转动机器设备卷入或受重物打击时，往往出现外伤（流血）。救护的第一步是设法包扎或用手按住伤口，尽量减少出血；第二步是设法尽快送往医务室或医院处理。

2. 触电急救

人体触电后，轻者出现受惊吓、心悸、面色苍白、头晕、乏力的状态，重者立即出现昏迷、强直性肌肉收缩、休克、心律失常、心跳及呼吸极微弱，呈现昏迷不醒状态，即所谓“假死”状态或心搏骤停、呼吸停止、出现发绀。但是，如果抢救及时，触电者是可能得救的。

发现有人触电，切不可惊慌失措，束手无策。首先要尽快使触电者脱离电源，然后根据触电者的具体情况，进行相应救治。

（1）脱离电源　人体触电以后，由于痉挛或失去知觉等原因，而紧抓带电体，不能自行脱离电源。这时，使触电者尽快脱离电源，是抢救触电者的首要条件。应注意以下事项。

①救护人不可直接用手或其他金属及潮湿的物件作为救护工具，必须用适当的绝缘工具。

②要防止触电者脱离电源后产生摔伤。特别是当触电者在高处时，应采取防摔伤措施，即使在平地，也要注意倒下的方向。

③如事故发生在夜间，应迅速解决临时照明问题，以便于抢救，避免事故扩大。

（2）现场急救方法　当触电者脱离电源后，应立即在现场进行紧急救护，并迅速送往医院，切不可耽误时间。

当触电者尚未失去知觉时，应迅速将他抬到空气流通、温度适宜的地方休息，不让他乱走乱动；当触电者出现心脏停搏、无呼吸等“假死”现象时，不要慌乱，应立即在现场进行人工呼吸或胸外挤压，甚至在送往医院的救护车上也不可中断。

①人工呼吸法。此法适用于有心跳但无呼吸的触电者。简单有效的是口对口吹气法，其方法是：触电者仰卧平地上，鼻孔朝天颈后仰；解开触电者衣裳；清理口、鼻腔内的异物，捏鼻，不使其漏气；向其口中大口吹气；吹气完毕，应立即离开触电者的嘴巴，并放松紧捏的鼻孔，排气应让口鼻通畅；口对口人工呼吸，每5s一次，吹2s、停3s。

②胸外挤压法。此法适用于有呼吸但无心跳的触电者，其方法是：触电者仰卧在硬地上，松开领扣解开衣裳；在触电者心窝稍高一点的地方放掌根；掌根自上而下垂直均衡地向下挤压，压力轻重要适当，过分用力会压伤；下压后，掌根突然放松，但手不要离开胸膛；反复不停地对触电者

的心脏进行挤压和放松，每分钟约60次为宜。

对触电者的抢救要坚持不懈，切不可轻率终止。当触电者身体僵冷或身上出现尸斑，经医生诊断无法救治时，方可停止抢救。

三、设备安全知识

（一）设备安全操作

1. 熟悉生产设备的操作指标

各种生产设备的操作指标是指油料或在制品通过各种不同性能和作用的设备后，应达到的指标要求。它是衡量生产操作好坏的重要指标，起着监督生产的作用。

2. 严禁设备过载运行

电动机的最大功率是有限度的，如果设备负载超过电动机的额定输出功率，就会发生过载。电压过低也会产生过载。一旦发生过载，必然会引起绕组过热，甚至烧毁电动机，或引燃周围可燃物，造成火灾。

3. 熟悉生产设备及生产流程的操作方法

生产设备的操作方法是指制油工操作各种作业机的具体方法。各种设备的性能不同，操作方法和操作要点也不一样。总的来说，所有作业机都必须根据“勤检查、勤观察、勤清理；流量均匀、厚薄适当；指标明确、专人操作；前后工序密切配合”的操作原则进行操作。生产流程的操作严格按工艺流程顺序启动各台设备。

认真做好开车前的各项准备工作；开车后密切关注设备运行情况，发现有异声和异常振动，立即停车检查；停车前各工序应在做好停车准备的工作后才可停机；停车后对所有机器设备应进行检查，如发现有问题，应按规定手续进行检修。

（二）设备检修安全

（1）凡有驱动装置的机器设备检修时，都必须在停车状态下进行。

（2）凡电力驱动设备的检修，应首先切断电源，取下保险，并挂上“有人工作，禁止合闸”的警告牌。

（3）机器、设备零部件的清洗、润滑必须按规定进行，不许使用易燃、易爆的有机溶剂进行清洗，不许使用被污染的润滑油进行润滑。

（4）大中型转动设备的检修，必须在周围设置安全围栏和明显标志。

（5）齿轮、皮带轮、转轴、联接器、飞轮等一切机电设备驱动装置的危险部分，都应设安全防护设施（防护罩）。

（6）皮带传动装置中不得使用带有凹坑、毛刺和裂纹等缺陷的皮带轮。一般情况下，在易燃、易爆的危险场所不采用皮带传动装置。

（7）皮带传动应设有制动装置。

四、安全用电知识

（1）在使用电气设备时，不要随便接触电器；在设备停止使用时，要关掉其电源开关。绝对不能用手来鉴定电器接线端是否带电，如必须了解线路是否带电，应使用完好的验电器（如测电笔等）。

（2）电气设备安装要正确，应根据安装说明进行安装，必须注意相线一定进开关，这样在开关处分断位置时，用电器就不带电，既安全又有利于维修。

（3）可移动电器的金属外壳都必须有专门的接地零线。使用手电钻时要戴绝缘手套。

（4）正常工作时，应远离电源，不得用湿手去牵拉电线。如发现电线外皮老化或局部破损，应通知电工及时修理或更换。

（5）不得自行拆卸电气装置，必须拆卸时，应请电工配合。

（6）若有数人进行电工作业，应于接通电源前告知他人，不得随便合闸。

五、防火、防爆须知

1. 油脂生产企业产生火灾、爆炸的原因

（1）电气线路　电气线路往往由于短路、过载运行、接触电阻过大等原因，产生电火花、电弧或引起电线、电缆过热，而造成火灾。

（2）电气照明　电气照明在电能转换成光能的过程中，往往要产生大量的热，具有较高的温度，因此具有一定的火灾危险性。如：白炽灯泡烤燃可燃物；白炽灯泡灯泡破碎起火；日光灯的镇流器过热燃烧等。

（3）动力设备　油脂生产企业设备的驱动主要依靠电动机，电动机使用、维护不当，会引起火灾。如：电动机过载；电动机旋转中机械摩擦造成局部温升；电动机绕组的接点或线接点接触不良；导线绝缘老化、相间或对地短路；维修保养不良等。由于电机内部存在隐患，在运行中极易发生故障，引起火灾。

（4）粉尘排放　当车间内、设备内空气中粉尘浓度达到爆炸极限范围内时，遇到高温的火花，火焰或放电，会突然发生爆炸。

2. 灭火、防爆措施

燃烧必须同时具有可燃物、助燃物和着火能源三个要素，失去其中任一要素，燃烧就要停止。因此，灭火措施就是要消除引燃源，破坏已经产生的燃烧要素，并使燃烧的连锁反应终止。

灭火剂是能够有效地破坏燃烧要素，以终止燃烧的物质，它应具备效率高、使用方便、来源丰富、成本低、对人体和物质基本无害等条件。常用的灭火剂有以下几种。

（1）水　水是不燃烧液体，水的热容量比任何液体都大，而且它在蒸

发时吸收大量的热量。因此，当水与炽热的燃烧物接触时，在被加热和汽化过程中，就会大量吸收燃烧物的热量，冷却燃烧物。但是不能用水扑救电气设备，在使用中要特别注意。

（2）不燃性挥发液灭火剂　不燃性挥发液的灭火机理为蒸发冷却和稀释氧的浓度。常用的有二氧化碳和四氯化碳等。

（3）泡沫灭火剂　在液体表面生成凝聚的泡沫漂浮层，起窒息和冷却作用，如 YEG6 型高倍数泡沫液等。

（4）化学干粉灭火剂　主要是一种干燥的、易于流动的、可以用于灭火的固体粉末，如钠盐干粉灭火剂等。

注意：二氧化碳灭火器、干粉灭火器的灭火剂都是不导电的，可用于带电灭火。灭火剂（水溶液）有一定的导电性，而且对电器设备的绝缘有影响，不宜用于带电灭火。

3. 干粉灭火器的使用方法

（1）当发生火灾时，边跑边将筒身上下摇动数次。

（2）拔出安全销，筒体与地面垂直，手握胶管。

（3）选择上风位置接近火点，将皮管朝向火焰根部。

（4）用力压下握把，摇摆喷射，将干粉射入火焰根部。

（5）熄灭后用水冷却除烟。

注意：灭火时应顺风不宜逆风。

六、工业卫生与环境保护知识

1. 工业卫生

工业卫生包括大气、水源和土壤的卫生防护、车间卫生等方面的内容，从事食用油脂生产的人员应按相关规定做好卫生工作。

（1）生产用水必须符合 GB 5749—2022《生活饮用水卫生标准》的规定。非生产用水（循环、制冷、冷却、消防用水等）必须用单独管道输送，决不能与生产（饮用水）交叉连接，并应有明显的颜色区别。

（2）废弃物临时存放设施应设置在远离生产车间的适当地点，采用便于清洗、消毒的材料制成。结构严密，能防止害虫侵入，避免废弃物污染原料、成品、饮用水、设备、道路。

（3）必须设有废水、废气处理系统，经常检查、维修。废水、废气的排放应符合国家环境保护的规定。

（4）生产设备、中转容器、管道应定期清扫（清洗），保持清洁。

（5）厂房通道及周围场地应保持清洁，不得堆放杂物。生产场地和其他工作场地的废弃物必须随时清除，并及时清理出厂，废弃物容器及其存放场地应及时清洗、消毒。

（6）厂区周围应定期或在必要时进行除虫灭害，防止害虫滋生。

（7）工厂必须设置专用的危险品库，存放杀虫剂和一切有毒、有害物品。这些物品必须贴有醒目的有毒标记。工厂应制订各种危险品的使用规则。使用危险品须经专门管理部门核准，并在指定的专门人员的严格监督下使用，严禁污染食品。

（8）工厂应对新参加工作及临时参加工作的人员进行卫生教育，定期对全厂职工进行有关规定的宣传教育，做到教育有计划，考核有标准，卫生培训制度化和规范化。

（9）食用植物油或食用植物油制品的操作人员及有关人员每年至少进行一次健康检查，必要时接受临时检查。新参加或临时参加工作的人员，必须经健康检查并取得健康合格证后工作。工厂应建立职工健康档案。

（10）凡患有下列病症之一者，不得在食用植物油脂车间、食用油制品车间工作：痢疾、伤寒、病毒性肝炎及消化道传染病（包括病源携带者）；化脓性或渗出性皮肤病；其他有碍食品卫生的疾病。

（11）食用植物油和食用油制品生产操作人员在下述情况之一时必须洗手：开始工作之前；上厕所之后；从事与生产无关的其他活动之后。

（12）操作人员应保持良好的个人卫生，勤洗澡、勤换衣、勤理发。不得留长指甲，涂指甲油。

（13）操作人员不得将与生产无关的个人用品、饰物带入车间；进车间必须穿戴工作服、工作帽、工作鞋；头发不得外露；不得穿戴工作服、工作帽、工作鞋进入与生产无关的场地。

（14）严禁一切人员在车间内吃东西、吸烟、随地痰吐。

（15）工厂应根据原料的质量、卫生状况，制订相应的工艺技术措施，确保成品达到食用植物油和食用植物油制品有关质量、卫生标准。

（16）当更换原料品种或设备使用时间较长时，应将所有输送机、设备、中间容器及管道地坑中积存的油料或油脂全部清除，防止腐烂的油料重复加工。

（17）食用植物油加工车间一般不宜加工非食用植物油，但由于某些原因加工非食用植物油后，除按前述的要求处理外，还应在加工食用植物油的投料初期进行抽样检验，符合食用植物油的质量、卫生标准后方能视为食用油；不合格的油脂应作为工业用油。

（18）生产过程中需要加入添加剂时，必须符合 GB 2760—2024《食品安全国家标准　食品添加剂使用标准》的规定。

2. 环境保护知识

保护环境是我国的基本国策，对环境造成污染的主要有废水、废气、废渣。

油脂制取企业生产过程中废水的主要来源有：浸出生产中分水器排出的废水，精炼中油脂水化碱炼的废水，脱色脱臭抽真空冷却水排放等。这些废水中主要含有污油、胶质等有机物。工业污水的污染程度一般以物理指标（包括浊度、色度、温度、蒸馏残渣和悬浮物等）和化学指标（包括 pH、有机物、有机和无机毒物含量等）表示。有机物废水的特征指标有生化需氧量（BOD）、化学需氧量（COD）及总有机碳（TOC），油脂制取企业废水的污染性质主要包括有生物降解过程中耗用水溶性的氧气，使鱼类、贝类等水生生物缺氧致死；在水面上形成油膜和其他不美观的现象，同时使饮用水产生味道。

油脂生产过程中的废气主要有含尘空气，浸出车间的含有溶剂蒸气的废气及蒸炒、烘粕和脱臭产生的异味。油脂制取企业含尘空气的粉尘主要成分是油料的微小颗粒和泥土，其悬浮物达到一定浓度时，易引起粉尘爆炸，排入大气则会造成大气污染；含有溶剂蒸气的废气有产生火灾的危险。

油脂生产过程中产生的废渣主要有脱色工序中的废白土，其中含有25%~30%的油，这些物料能自燃，还有卫生填埋处理和综合利用的问题。

3. 车间环境卫生

保证车间环境卫生的基本要求，清洁工具摆放于指定地点，并离地放置。

（1）确保车间地面干净，无积水，无油垢，无粉尘。

（2）加强车间通风，发现有漏料、漏灰、灰尘外扬应及时处理，保证车间内空气含尘符合 GB 17440—2008《粮食加工、储运系统粉尘防爆安全规程》要求。

（3）加强对车间设备角落的清理，确保车间内无蚊蝇、爬虫类、啮齿类动物出现。

（4）车间内的机器设备应保持清洁，所需直接接触原料/半成品的生产用具必须放置于干净台面，并离地不被杂物污染。

任务评价

油脂制取岗位认知学习任务评价表见表 1-4。

表 1-4　　油脂制取岗位认知学习任务评价表

班级：　　　　姓名：　　　　学号：

评价项目		评价标准	分值	评价			综合得分
				自评	互评	师评	
职业素养10%	日常考勤	学习态度端正，无无故缺勤、迟到、早退现象	5				
	团队合作	团队协作，分工明确，沟通良好	3				
	车间整理	工具、设备及时归位；保证车间清洁	2				

续表

评价项目		评价标准	分值	评价			综合得分
				自评	互评	师评	
专业能力70%	子任务一 油脂制取岗位职责、需求调查	每填写1家企业调研状况，得5分，根据填写完成度酌情增减分	25				
		正确总结油脂制取岗位的基本职业素养	5				
		正确总结油脂制取岗位的核心职业技能	5				
	子任务二 填写油脂生产企业安全生产明白卡	能写出粉尘爆炸隐患排除措施	5				
		能写出用电安全隐患排除措施	10				
		能写出溶剂泄漏隐患排除措施	10				
		能写出机器设备的防护和操作隐患排除措施	10				
任务成果20%	工作完整	能按时、按量完成任务	5				
	规范填写	能正确填写引导问题	5				
	成果展示	能准确表达、汇报工作成果	10				
合计			100				

课后作业

通过网络查阅资料、调研企业等，了解食用油行业基本情况，认识食用油行业的现状与发展趋势。请回答如下问题。

1. 国内外的油脂工业都有着悠久的发展历史，其发展过程大体经历了__________、__________、__________三个阶段。

2. 油脂工业的现代化生产阶段，是以__________制油技术的问世为标志的。

3. 《“十四五”粮食和物资储备科技和人才发展规划》中粮油加工领域重点创新任务是什么？

4. 对于连续性、安全性要求较高的食用油加工作业场景，迫切需要借助边缘技术等相关技术提供低延迟、快速响应和实时控制的边缘能力，借助数字孪生等技术，实现更加精细化的作业管控。请阐述食用油加工的转型关注点和切入点。

《“十四五”粮食和物资储备科技和人才发展规划》

《“中国好粮油”行动计划实施指南》

《新形势下的粮食行业数字化转型之路》白皮书

任务二
油料及制油方法认知

情境描述

油脂工业一般将含油率高于10%的植物性原料称为油料，油料籽实的形态结构是判别油料种类、评价油料工艺性质、确定油脂制取工艺与设备的重要依据之一。通过查阅网络资料、调研企业等方式，获取油料基本知识，研究油料的性质，选择合理的油脂制取工艺，使油料资源得到充分的利用。

本学习任务分解成2个子任务，分别为油料认知和制油方法认知。

学习目标

知识目标

1. 了解油料的基本性状。
2. 熟悉油料的宏观结构、微观结构。
3. 掌握油脂制取方法的选择依据。

能力目标

1. 能正确识别、判断油料的基本性状。
2. 能根据油料的宏观结构、微观结构，分析油料结构与制油工艺的关系。
3. 能根据油料种类选择适宜的油脂制取方法。

素质目标

1. 正确识别、判断油料的基本性状、结构特点，分析油料结构与制油工艺的关系，培养工程思维能力。

2. 市场调研不同类型的油脂产品，分析油料种类与制油工艺选择的关系，基于实践活动，培养分析问题、解决问题的能力。

任务书

查阅文献，收集资料，观察大豆、花生等油料样品，市场调研油脂产品的生产方法，完成油脂制取原料认知任务。油料及制油方法认知工作任务单见表1-5。

表 1-5　　油料及制油方法认知工作任务单

班级		组号		组长		日期		指导老师	
成员									

序号	工作任务	要求	知识链接
1	油料认知	观察油料的宏观结构、微观结构，分析油料结构与制油工艺的关系	油料种子的化学组成 油料种子的结构
2	制油方法认知	调研不同类型的油脂产品，分析油料与油脂制取方法选择的关系	植物油制取的方法
工作准备	收集 GB 19641—2015《食品安全国家标准　食用植物油料》、GB 1352—2023《大豆》、LS/T 3111—2017《中国好粮油　大豆》、GB/T 1532—2008《花生》等有关油料的化学组成、分类、技术指标等资料。 阅读工作任务书，借阅或上网查阅有关资料，获取籽实的形态结构、化学组成、油脂生产工艺等资料信息		

工作实施

子任务一　油料认知

引导问题 1： 油料种子的外部形态各具特点，但从植物形态学来看，每粒种子都是由__________等部分组成。

引导问题 2： 大部分油籽的油脂储存在__________中。

引导问题 3： 大部分油籽皮层不含油脂或含量很低，而且在制油工艺中容易吸油，因此通常会在制油前，进行__________处理。

任务实施

观察花生、大豆等油料样本，读图 1-1 大豆、花生的宏观结构和图 1-2 大豆子叶超微结构图，填写表 1-6，分析油料结构特点与制油工艺的关系。

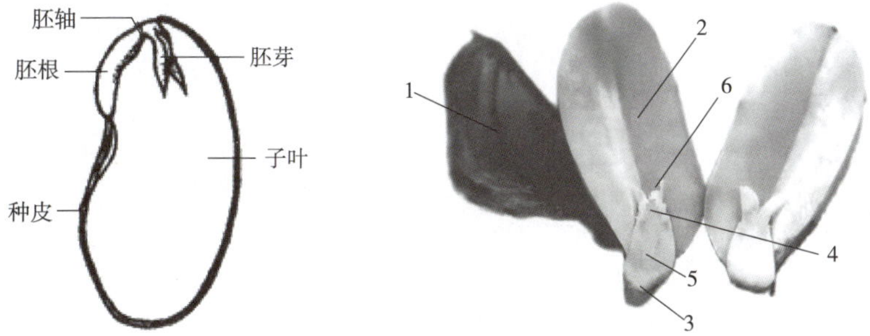

图 1-1 大豆、花生的宏观结构

1—种皮 2—子叶 3—胚根 4—胚芽 5—胚轴 6—第一对真叶

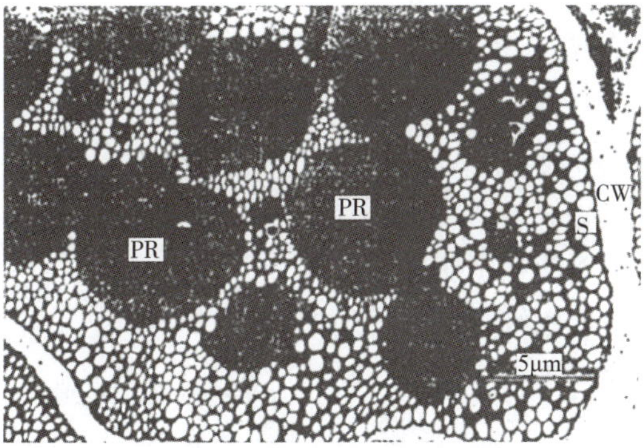

图 1-2 大豆子叶超微结构图

CW—细胞壁 PR—蛋白体 S—油体

GB/T 1532—2008《花生》

GB 1352—2023《大豆》

表 1-6 油料结构特点与制油工艺的关系

结构		特点	对制油工艺的影响
宏观结构	大小		
	形状		
	是否包含壳、皮		
微观结构	细胞壁		
	原生质体		

知识链接1

油料种子的化学组成

油料种子的种类繁多，不同油籽的化学成分及含量不尽相同，但各种油籽中都含有油脂、蛋白质、糖类、游离脂肪酸、磷脂、色素、蜡、烃类、醛类、酮类、醇类、油溶性维生素、水分及矿物质等成分。此外，个别油料中还含有少量特殊的物质。由于油料品种及生长条件的不同，各种成分的含量有很大差异。表 1-7 列出了几种主要油料的化学成分。

表 1-7　几种主要油料的化学成分　单位：%

油料	脂肪	蛋白质	糖类	粗纤维	水分	灰分
大豆	14~21	30~50	18~25	4~9	9~15	4~6
菜籽	28~48	19~27	17~38	5~11	6.5~12	3~8
花生仁	44~54	24~36	10~24	3~6	5~9	2~3
芝麻	46~57	20~24	10~20	4~7	5~8	4~8
棉籽	14~25	16~26	24~31	14~21	6~12	3~4
葵花籽仁	40~68	21~308	2~7	6 左右	—	3~5
亚麻籽	37~50	15~29	12~26	6~12	—	4~7
油茶籽仁	40~60	8~9	24 左右	3~5	8~10	3 左右
米糠	17~20	13~15	38~39	8~10	11~13	7~9

油籽成熟时，在油籽细胞中生成并储存的重要营养物质是脂肪和蛋白质，碳水化合物的含量较低。种子成熟时，种子中含有大量的高分子化合物的复合体。例如油脂、磷脂、固醇等。

一、油脂

油脂是油料种子在成熟过程中由糖转化而形成的一种复杂的混合物，是油料种子中主要的化学成分。油脂是由 1 分子甘油和 3 分子高级脂肪酸形成的中性酯，又称为甘油三酯。油料种子在成熟过程中，油脂的合成反应可能尚未进行到底，有些甘油的羟基未能完全与脂肪酸结合，即使到油料收获时，仍存在着油脂合成代谢反应的中间产物——甘油一酯和甘油二酯。

油籽中脂肪的存在形式可分为基本脂肪和储存脂肪两种。基本脂肪是细胞质的构成部分，以结合态复合物存在；储存脂肪是专供植物体的能量储备。

二、蛋白质

按照蛋白质的生理功能，油料种子的蛋白质可分为结构蛋白、储藏蛋白和酶蛋白三类。储藏蛋白是油料种子蛋白的主体，如在大豆中约占总蛋白的 70%。

按照蛋白质的理化性质和组成成分可将其分为简单蛋白质和结合蛋白质两大类。油料中的简单蛋白质含量可占总蛋白质含量的 80%以上。油料中的结合蛋白质主要有糖蛋白、核蛋白、脂蛋白、磷蛋白、色蛋白等。

酶是一种具有特殊功能的蛋白质，是一种独特的生物催化剂。生物细胞进行生化反应需要具有特定催化性能的各种酶类。在油料种子中对油脂生产比较重要的酶类主要有脂肪酶、脂肪氧化酶、磷脂酶、尿素酶等。

三、糖

糖类是含有醛基和酮基的多羟基有机化合物，按照糖类的复杂程度可以将其分为单糖和多糖两类。糖类主要存在于油料种子的皮壳中，仁中含量很少。糖在高温下能与蛋白质等物质发生作用，生成颜色很深且不溶于水的化合物（美拉德反应）。在高温下糖的焦化作用会使其变黑并分解。

四、类脂物

类脂物是指分子结构与甘油三酯相似或其溶解性与甘油三酯类似，能溶于天然油脂的非甘油三酯的物质。通常将类脂物分为可皂化物和不可皂化物两大类。可以皂化的酯类称为可皂化物，而仅能溶于油脂、但化学结构与酯类无关的非酯类物质称为不可皂化物。可以皂化的酯类一种是与甘油三酯结构相似的类脂（甘油一酯、甘油二酯、脂肪酸、磷脂、糖脂），另一种是与甘油三酯结构不相似的类脂（神经磷脂、蜡、固醇酯）。不可以皂化的类脂物含量虽微，但其组成及结构十分复杂，主要有固醇类、烃类、色素、抗氧化物质以及微量金属等。

1. 磷脂

磷脂即磷酸甘油酯，简称磷脂。两种最主要的磷脂是磷脂酰胆碱俗称卵磷脂和磷脂酰乙醇氨俗称脑磷脂。磷脂不溶于水，可溶于油脂和一些有机溶剂中；磷脂不溶于丙酮。磷脂有很强的吸水性，吸水膨胀形成胶体物质，从而在油脂中的溶解度大大降低。

2. 色素

油籽的色素一般有叶绿素、类胡萝卜素、黄酮色素及花色苷等。纯净的甘油三酯是无色的液体。但植物油脂带有色泽，有的原油甚至颜色很深，这主要是各种脂溶性色素引起的。

3. 蜡

蜡是高分子的一元脂肪酸和一元醇结合而成的酯，主要存在于油籽的皮壳内，且含量很少。但米糠油中含蜡较多。蜡能溶于油脂中，溶解度随温度升高而增大，在低温会从油脂中析出影响其外观。另外，蜡会使油脂的口感变劣，降低油脂的食用品质。

五、水分

水分是油料种子中的重要成分，种子中所进行的一切物理化学变化都与水分有关。成熟种子中的水分以自由水和结合水两种状态存在。油料中含有较多疏水性的脂肪，因此干燥种子中的水分几乎全部集中在蛋白质、糖类等亲水物质里。

六、矿物质

成熟而干燥的油料种子中矿物质（灰分）含量不多，一般油料种子含磷、钾、钙、镁为多，约占灰分总数的90%（以其氧化物计），其中又以钾、磷为最多，其量达总灰分的70%~75%。在油脂制取过程中，矿物质几乎全部被保留在饼粕中。

七、其他物质

油籽中除含有上述化学成分外，还含有植酸盐以及烃类、醛类、酮类、醇类等物质，这些物质的含量很小且对油脂生产的影响很小。

在某些油料种子中含有一些特殊成分，如芝麻中的芝麻酚，大豆中的胰蛋白酶抑制素、凝血素、异黄酮。这些成分对油脂生产工艺和产品质量产生一定影响。

知识链接2

油料种子的形态和基本结构微课

GB 19641—2015《食品安全国家标准 食用植物油料》

油料种子的结构

植物油料大多是植物的种子，也有的是果实、块茎等。植物油料的种类繁多，通常按植物学属性分类为：草本油料、木本油料、农产品加工副产品油料、野生油料。根据植物油料的含油率高低，可将植物油料分成两类，分别是高含油率油料和低含油率油料。高含油率油料包括菜籽、棉籽、花生、芝麻等含油率大于30%的油料，低含油率油料包括大豆、米糠等含油率在20%左右的油料。

一、油料种子的宏观结构

油料种子的形态结构是判别油料种类、评价油料工艺性质、确定油脂制取工艺与设备的重要依据之一。油料种子的种类繁多，它们的外部形态各具特点，但从植物形态学来看，绝大多数种子的基本结构具有共同性，即每粒种子都是由种皮、胚、胚乳等部分组成。

种皮包在油料种子外层，起保护胚和胚乳的作用。种皮含有大量的纤维物质，其颜色及厚薄随油料的品种而异，据此可鉴别油料的种类及其质量。

胚是种子最重要的部分，大部分油料种子的油脂储存在胚中。

胚乳是胚发育时营养的主要来源，内存有脂肪、糖类、蛋白质、维生素及微量元素等。但是有些种子的胚乳在发育过程中已被耗尽，因此可分为有胚乳种子和无胚乳种子两种。无胚乳种子的营养物质储存在胚内。

二、油料种子的微观结构

细胞是生命活动的基本结构和功能单位。油料种子和其他有机体一样，都由大量的细胞组织组成。油料种子细胞的形状和大小随油籽品种不同、所在油料种子部位的不同及行使的功能不同而异。油料种子细胞的形状可呈圆形、圆柱形、多角形、长菱形、纺锤形等，一般单个细胞呈球形。油料种子细胞的平均直径一般为几十微米，个别的也可达几十毫米。虽然油料种子细胞的形状、大小及生理功能不同，但其构造一般都是由细胞壁和填充于细胞壁内的原生质体两部分组成。

1. 细胞壁

细胞壁由纤维素、半纤维素等物质组成。细胞壁具有稳定的化学性质，大多数情况下不与一般的物质反应，所以它能起到保护细胞内含物的作用。细胞壁的结构使其具有一定的渗透性，水和有机溶剂能通过细胞壁而渗透到细胞的内部，使细胞内外物质进行交换。细胞壁受机械外力作用会发生破裂，也会受细胞内容物吸水膨胀所产生的压力而破裂。油脂生产中的轧坯、蒸炒、浸出等工序就利用了油籽细胞壁的这些性质对油料进行处理。

2. 细胞的内容物

细胞的内容物由油体原生质、细胞核、糊粉粒及腺粒体等组成。油料种子中的油脂主要存在于原生质中，通常把油料种子的原生质和油脂所组成的复合体称作油体原生质。油体原生质在细胞中占有很大体积，是由水、无机盐、蛋白质、脂肪、碳水化合物等组成。在成熟干燥的油料种子中，油体原生质呈一种干凝胶状态，并富有弹性。油料种子富含油脂，其中油脂主要存在于细胞质中，在细胞原生质体内形成油体原生质。

3. 油脂在原生质体内的存在状态

关于油脂在原生质体内的存在状态，曾经有几种假说，较典型的是苏联专家高尔道夫斯基提出的理论。高尔道夫斯基提出的油脂在细胞中存在的假说认为，在细胞原生质体的凝胶体中，胶体微粒彼此连接成胶束，它们又连接构成胶束网，结果形成了许多大小不等、互相隔离的孔道，孔道极小，用超显微镜才能看见，脂滴便呈显微均匀分散状态充填在这些孔道之间。这个假说还认为，在凝胶结构中可能还存在着极小的（超显微可见）油滴，如包裹在折叠的蛋白质分子中。

近年来，现代电子显微技术与微量生理生化分析，对于原生质体的细微结构及其功能揭示得越来越多。电子显微技术所得到的细胞结构内油脂存在的图像表明，油脂的分布的确是显微均匀的不连续状态存在。如应用电子显微镜对大豆子叶的超微结构分析显示，大量的蛋白质以直径为 2~20pm 的蛋白体存在于种子细胞中，而油脂以直径为 0.2~0.5μm 的球体分散于蛋白体之间的缝隙中。

子任务二　制油方法认知

引导问题 1：在我国的国家标准中要求同时注明原料的种类和制油方法，因此原油的种类为__________和__________的组合，如压榨大豆原油、压榨花生原油、浸出大豆原油、浸出花生原油、浸出菜籽原油等。

引导问题 2：国家标准规定食用油外包装上必须标明__________，这是为了给消费者以知情权，并不意味着两种制取工艺在食品安全上有差异。

任务实施

借助网络或实地调研油脂产品，填写表 1-8，分析油料种类与油脂制取方法的关系。

表 1-8　　油脂产品调研情况统计表

产品	油料	油脂制取方法
产品 1		
产品 2		
产品 3		
产品 4		
产品 5		

分析：油料种类与油脂制取方法的关系

知识链接

植物油制取的方法

植物油制取的方法主要有压榨法、浸出法和水代法三种。

一、压榨法取油工艺过程

凡利用机械外力的挤压作用，将油料中油脂提取出来的方法称为压榨法取油。

油脂制取方法的选择微课

1. 不同的压榨工艺

按压榨取油的深度以及压榨时油料所受压力的大小，压榨取油可分为一次压榨和与浸出法取油配合的预榨。而榨油设备主要有液压榨油机和动力螺旋榨油机两类。

按压榨原料的预处理情况分为冷榨和热榨。一般冷榨法在低于 60℃ 的环境下进行加工。油料压榨前不经加热或低温的状态下，送入榨油机压榨，榨出的油温度较低，酸价也较低，一般不需要精炼，经过沉淀和过滤后即可得到成品油。但是冷榨法出油率只有热榨法的一半。热榨是先将油料经过清选、破碎后进行高温加热处理，使油料内部发生一系列变化，如破坏油料细胞、促使蛋白质变性、降低油脂黏度等，以适于压榨取油和提高出油率。但是经高温处理后的油料榨出的原油气味香、颜色偏深、酸价升高，因此必须精炼后才能食用。热榨油气味特香、颜色较深。

2. 压榨法取油工艺的基本过程

常规生产工艺：生料→蒸炒→压榨→机榨原油。

特殊油脂生产工艺：油籽→炒籽→压榨→过滤→香味油脂。

特殊油料生产工艺：油籽→整籽冷压榨→过滤→冷榨油脂。

二、浸出法取油工艺过程

浸出法取油是应用固-液萃取的原理，选用能够溶解油脂的有机溶剂，经过对油料的喷淋和浸泡作用，使油料中的油脂被萃取出来的一种取油方法。

1. 浸出法取油的基本过程

把油料料坯、预榨饼或膨化颗粒浸于选定的溶剂中，使油脂溶解在溶剂中形成混合液即混合油，然后将混合油与浸出后的固体粕分离。利用溶剂与油脂的沸点不同对混合油进行蒸发、汽提，可使溶剂汽化与油脂分离，从而获得浸出原油。浸出后的固体粕含有一定量的溶剂，经脱溶烘干处理后得到成品粕。从湿粕蒸脱、混合油蒸发及其他设备排出的溶剂蒸气和混合蒸气经过冷凝、冷却以及溶剂与水的分离，分离出的溶剂循环使用，分出的废水经蒸煮处理进一步回收溶剂后排放。为了排除系统中积存的空气以保持正常的工作压力，还需不断地将不凝气体集中并经回收溶剂后排空。

2. 浸出法制油工艺的类型

（1）浸出法制油工艺的分类　按操作方式，浸出法制油工艺可分成间歇式浸出工艺和连续式浸出工艺。

（2）浸出法制油工艺　按生产方法可分为直接浸出工艺和预榨浸出工艺。

①直接浸出工艺。直接浸出也称“一次浸出”，它是将油料经预处理后直接进行浸出制油工艺过程。此工艺适合于加工含油量较低的油料。

②预榨浸出工艺。预榨浸出油料经预榨取出部分油脂，再将含油较高的饼粕进行浸出的工艺过程。此工艺适用于含油量较高的油料。

浸出油厂使用的正己烷都必须是食品级的，食品级的正己烷经过重金属脱除处理，铅、砷等有害金属残留都低于 10μg/kg，这么低的残留不会对生产的油有危害。

GB/T 1535—2017《大豆油》、GB/T 1534—2017《花生油》等均规定食用油外包装上必须标明制取工艺，这是为了给消费者以知情权，并不意味着两种制取工艺在食品安全上有差异。

三、水代法取油工艺过程

水代法取油是把热水加到磨成浆状的料酱中，使蛋白质微粒吸水膨胀，利用油料的非油成分对油与水的亲和力的不同，并借助两者的密度差，采用振荡方式将油脂与麻渣等物质分开的制油方法。水代法取油工艺的基本过程如下所示。

油料→清理、水选 → 炒籽 → 扬烟磨浆 → 兑浆搅拌 → 振荡分油 → 撇油和除渣

水代法是我国特有的制油方法，适用于制取具有特别色、香、味的食用油脂，如小磨香油、浓香花生油等。

任务评价

油料及制油方法认知学习任务评价表见表 1-9。

表 1-9　油料及制油方法认知学习任务评价表

班级：　　　　姓名：　　　　学号：

评价项目		评价标准	分值	评价			综合得分
				自评	互评	师评	
职业素养 10%	日常考勤	学习态度端正，无无故缺勤、迟到、早退现象	5				
	团队合作	团队协作，分工明确，沟通良好	3				
	车间整理	工具、设备及时归位；保证车间清洁	2				
专业能力 70%	子任务一 油料认知	油料种子宏观结构对制油工艺的影响	20				
		油料种子微观结构对制油工艺的影响	25				
	子任务二 制油方法认知	根据调研产品正确写出油脂制取的方法，每调研一种油脂产品得 5 分，满分 25 分	25				
任务成果 20%	工作完整	能按时、按量完成任务	5				
	规范填写	能正确填写引导问题	5				
	成果展示	能准确表达、汇报工作成果	10				
合计			100				

课后作业

原材料的品质会直接影响产品的质量，好的油料才能生产出好的油脂，思考如下问题：

1. 浸出油使用转基因大豆到底好不好？

2. 花生易受黄曲霉毒素污染，花生被黄曲霉毒素污染后，对人体健康很不利。如何使花生不受黄曲霉毒素的污染呢？

项目二

压榨花生油制取

任务一

花生预处理

情境描述

花生榨油前需经过破碎、轧坯、蒸炒等一系列预处理工艺，其主要作用在于改变油料形态、调节温度和水分，使其达到入榨前的良好状态，以提高花生出油率和成品油品质。熟练掌握花生预处理系统操作控制，合理调整花生坯片厚度，对花生油生产节能降耗具有重要意义。

本学习任务分解成 4 个子任务，分别为花生预处理系统工艺流程图识读、花生预处理系统核心设备认知、花生预处理系统核心设备操作、花生预处理系统生产质量控制。

LB/T 144—2020《绿色食品 物理压榨花生油生产操作规程》

NY/T 2786—2015《低温压榨花生油生产技术规范》

学习目标

知识目标

1. 掌握花生预处理工艺流程。
2. 掌握花生预处理各工序目的及意义。
3. 掌握花生预处理各工序方法及要求（质量标准）。
4. 熟悉花生预处理各工序核心设备结构及功能。
5. 掌握花生预处理各工序影响因素。

能力目标

1. 能指出破碎机、轧坯机、蒸炒锅各部位的结构及功能。
2. 能叙述破碎机、轧坯机、蒸炒锅的工作过程。
3. 能正确说出花生油预处理系统的操作控制要点，并分析其对生产的影响和作用。
4. 能绘制花生预处理工艺流程图，进行花生油预处理系统核心设备的开关机操作。
5. 会对花生预处理系统主要控制项目及主要工艺参数进行合理调控。
6. 能准确分析花生预处理系统常见的故障原因并采取正确的处理措施。

素质目标

1. 严格遵守花生预处理系统设备操作规程，形成科学严谨、规范操作的工作作风。
2. 精确选择花生预处理工作参数，培养精益求精的管理意识。
3. 精准控制花生预处理各工段工艺效果，培养质量意识。
4. 综合应用花生预处理生产性故障案例，培养工程思维能力。

任务书

某200t/d规模压榨花生油（清香型）生产线花生预处理DCS仿真系统（图2-1），运行参数进行全过程动态仿真。

花生预处理工作任务单见表2-1。

表2-1　花生预处理工作任务单

<table>
<tr><td>班级</td><td></td><td>组号</td><td></td><td>组长</td><td></td><td>日期</td><td></td><td>指导老师</td><td></td></tr>
<tr><td>成员</td><td colspan="9"></td></tr>
<tr><td>序号</td><td colspan="2">工作任务</td><td colspan="5">要求</td><td colspan="2">知识链接</td></tr>
<tr><td>1</td><td colspan="2">花生预处理工艺流程图识读</td><td colspan="5">识读花生预处理中控界面，标注破碎机、轧坯机、蒸炒锅及物料名称，将工艺流程图转化为方框图</td><td colspan="2">花生预处理概述</td></tr>
<tr><td>2</td><td colspan="2">花生预处理系统核心设备认知</td><td colspan="5">学习破碎机、轧坯机、蒸炒锅等设备动画、图片资料，填写设备标识卡</td><td colspan="2">花生预处理核心设备的结构及工作原理</td></tr>
<tr><td>3</td><td colspan="2">花生预处理系统核心设备操作</td><td colspan="5">正确操作破碎机、轧坯机、蒸炒锅</td><td colspan="2">花生预处理的工艺要求</td></tr>
<tr><td>4</td><td colspan="2">花生预处理系统生产质量控制</td><td colspan="5">依据花生预处理各工序质量指标，综合应用花生预处理生产性故障案例，分析故障原因并寻找解决办法</td><td colspan="2">花生预处理效果的影响因素</td></tr>
<tr><td>工作准备</td><td colspan="9">认真阅读工作任务书，借阅或上网查阅相关资料，获取破碎机、轧坯机、蒸炒锅的结构、工作原理及主要参数等信息。
利用问卷或实地调研压榨花生油生产企业，获取花生预处理系统操作控制要点、安全操作规程等资料</td></tr>
</table>

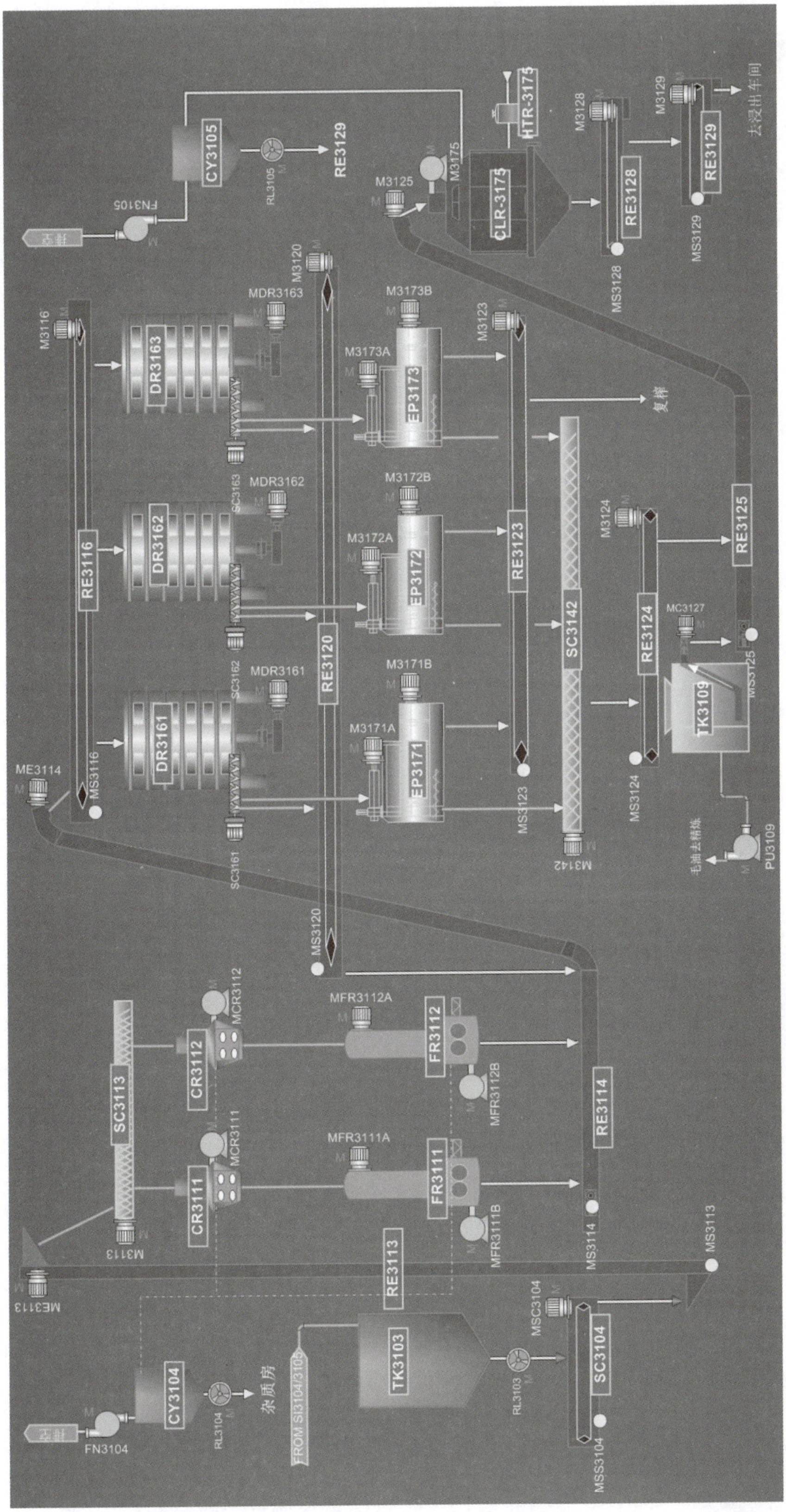

图 2-1 花生预处理DCS仿真系统

工作实施

子任务一　花生预处理系统工艺流程图识读

引导问题 1： 花生预处理是将花生制备成具有一定________的物料，以符合不同取油工艺的要求。

引导问题 2： 人们常说"冷酒坊热油坊，越热越出油"，这句话说明花生在榨油前应该经过________处理。

任务实施

识读花生预处理工艺流程图 2-1，绘制花生预处理系统工艺流程方框图。

知识链接

花生预处理概述

花生预处理工艺是将净花生进行破碎、轧坯、蒸炒等工序，得到适宜压榨的花生熟坯的过程。

一、破碎

油料的破碎微课

在油料轧坯之前，必须对大颗粒的油料进行破碎。

大颗粒的花生不宜于轧坯，料粒不易进入轧坯机的轧辊缝隙，因此必须使其变小，以符合轧坯条件。其次对花生进行水分和温度的调节比较困难，以致油料水分和温度内外不均，达不到所需要的可塑性，也就制备不出符合要求的生坯，从而影响油脂的制取。

二、轧坯

油料的轧坯微课

轧坯是利用机械的作用，将油料由粒状轧成片状的工序。轧坯后的坯片称为生坯，生坯经蒸炒合格后称为熟坯。轧坯的目的和意义有以下几点。

1. 破坏细胞结构

油料细胞表面是一层比较坚韧的细胞壁，而油脂和其他物质包含在细胞壁里面。因此，要提取细胞内的油脂，就需破坏细胞表面的细胞壁。油料的轧坯就是借助轧辊的碾压和油料细胞之间的相互挤压作用，将油料由粒状压成片状，从而使细胞壁受到破坏。同时，细胞内部的油体原生质及其中细胞质凝胶的微小结构，也不可避免地会受到破坏。轧坯时油料细胞破坏得越彻底，油脂微粒被释放出细胞外的数量就越多，油脂就越容易被提取出来。总的说来，坯轧得越薄，被破坏的细胞也就越多。

2. 缩短油路

颗粒油料经轧坯成薄片后，大大缩短了油脂从油料中被提取出来的路程，从而为压榨或浸出制油工序提供了有利的条件。

3. 有利于蒸炒

由于油料被轧制成薄片后，表面积增大、厚度减小使得料坯在蒸炒中既便于吸收水分和热量，又便于水分的蒸发，从而更有利于料坯中蛋白质的变性和细胞性质的改变。

三、蒸炒

蒸炒是将生坯经过加水（湿润）、加热（蒸坯）、干燥（炒坯）等处理，使之成为熟坯的工艺过程。蒸炒的目的和意义有以下几点。

油料的蒸炒微课

1. 破坏细胞结构

生坯是油料经过清理，大颗粒油料经过破碎后，再经过轧坯得到的坯片。油料通过破碎和轧坯工序加工以后，其细胞结构已经受到一定程度的破坏。如前所述，主要是其细胞壁部分受到破坏。生坯进入蒸炒工序时，其细胞结构会受到更进一步的破坏。

蒸炒时，由于细胞中蛋白质等成分的表面具有极强的亲水性，当对生坯进行湿润时，水分便渗透进入完整的细胞内部，被蛋白质等成分吸收并膨胀，在加热和机械搅拌的联合作用下，细胞壁破裂，油体原生质外流。与此同时，原生质内的超显微通道也受到压缩，从而迫使分散在通道内的部分油脂被挤压出来，聚集在料坯的表面。在生产过程中，蒸炒后的熟坯往往可以看到油脂的闪光就是这个道理。

2. 使蛋白质凝固变性

蛋白质变性是在外界条件（温度、水分、压力等）的影响下，其结构受到破坏而导致物理、化学性质发生变化。蛋白质变性后，凝结成固态，溶解度下降，故又称凝固变性。

蒸炒过程中，在温度和水分的作用下，蛋白质的亲水基吸水膨胀，稳定的结构受到破坏而变性，这时蛋白质的亲水基互相吸引而凝聚，导致其结构重新排列。这样，原来被包围在球蛋白内部的油脂被翻到外围。因此，油脂就比较容易被提取出来。实验和生产都已证明，蛋白质变性程度越高，出油率也越高。

3. 降低油脂黏度

在蒸炒时，由于加热作用可使料坯保持较高的温度，油脂的黏度降低，从而增大了油脂的流动性。因此，制油时油脂就容易被提取出来。

4. 调整料坯的可塑性

在蒸炒过程中，通过水分和温度的调节作用，可使料坯具有适宜的可塑性和抗压力，以适应于不同榨膛压力的榨油机压榨制油。

一般来说，不同型号的榨油机，其榨膛压力大小是不同的，这就要求我们在蒸炒过程中，对料坯进行适当的水分和温度调节。在操作中，一般温度低、水分低时可塑性小，抗压力就大；而温度高、水分高时可塑性就大，这时的抗压力就小。因此，我们通常选用高温低水分工艺，把温度和水分两个因素结合起来考虑。在控制一定温度的情况下，再来调节料坯的水分，以此达到其适宜的可塑性，进而达到理想的压榨效果。

5. 对酶的破坏作用

蒸炒过程中，由于提高了温度，使料坯内存在的酶受到破坏，并可杀死微生物。一般酶类在温度达到80℃时即可完全被破坏，因为酶本身也是一种蛋白质，酶失活也是由于蛋白质的变性所引起的。因此，经过高温蒸炒的榨饼便于储藏就是这个道理。

子任务二　花生预处理系统核心设备认知

引导问题1：破碎对于大粒花生仁而言，改变其粒度有利于＿＿＿＿＿＿。

破碎机动画演示工作过程

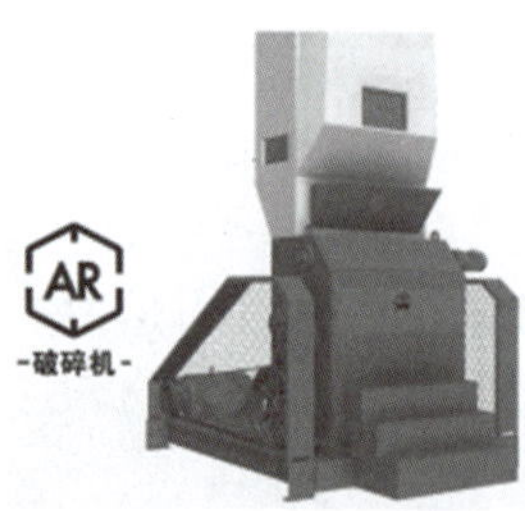

图2-2　破碎机

引导问题2：填写破碎机（图2-2）部件名称。

＿＿＿＿＿＿＿＿＿＿＿＿＿＿＿＿

＿＿＿＿＿＿＿＿＿＿＿＿＿＿＿＿

＿＿＿＿＿＿＿＿＿＿＿＿＿＿＿＿

引导问题3：填写轧坯机（图2-3）部件名称。

＿＿＿＿＿＿＿＿＿＿＿＿＿＿＿＿

＿＿＿＿＿＿＿＿＿＿＿＿＿＿＿＿

＿＿＿＿＿＿＿＿＿＿＿＿＿＿＿＿

＿＿＿＿＿＿＿＿＿＿＿＿＿＿＿＿

＿＿＿＿＿＿＿＿＿＿＿＿＿＿＿＿

＿＿＿＿＿＿＿＿＿＿＿＿＿＿＿＿

轧坯机动画演示工作过程

图2-3　轧坯机

引导问题4：油料蒸炒的目的是（　　）。

A. 彻底破坏油籽细胞结构　　B. 使蛋白质变性
C. 提高油脂质量　　D. 降低油脂黏度

引导问题 5：填写蒸炒锅（图 2-4）部件名称。

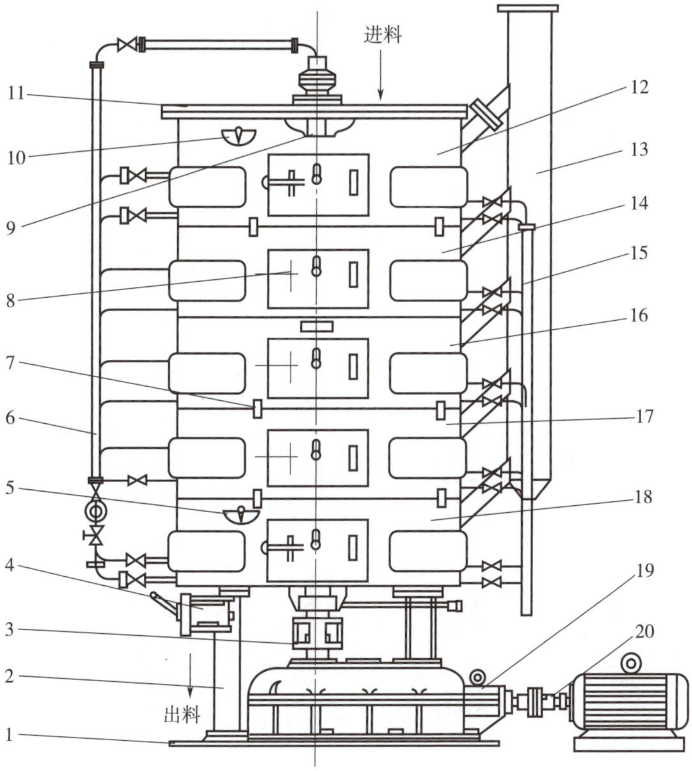

图 2-4　蒸炒锅

蒸炒锅动画演示工作过程

任务实施

填写表 2-2 花生预处理系统核心设备标识卡。

表 2-2　花生预处理系统核心设备标识卡

<table>
<tr><td>设备 1</td><td>破碎机</td><td>设备分级</td><td></td><td rowspan="2">颜色状态</td><td rowspan="2"></td></tr>
<tr><td>规格型号</td><td></td><td>生产厂家</td><td></td></tr>
<tr><td colspan="6">破碎机设备描述</td></tr>
<tr><td>设备作用</td><td colspan="5"></td></tr>
<tr><td>控制参数</td><td colspan="5"></td></tr>
<tr><td>注意事项</td><td colspan="5"></td></tr>
<tr><td>危险因素</td><td colspan="5"></td></tr>
<tr><td>设备 2</td><td>轧坯机</td><td>设备分级</td><td></td><td rowspan="2">颜色状态</td><td rowspan="2"></td></tr>
<tr><td>规格型号</td><td></td><td>生产厂家</td><td></td></tr>
<tr><td colspan="6">轧坯机设备描述</td></tr>
<tr><td>设备作用</td><td colspan="5"></td></tr>
<tr><td>控制参数</td><td colspan="5"></td></tr>
<tr><td>注意事项</td><td colspan="5"></td></tr>
<tr><td>危险因素</td><td colspan="5"></td></tr>
<tr><td>设备 3</td><td>蒸炒锅</td><td>设备分级</td><td></td><td rowspan="2">颜色状态</td><td rowspan="2"></td></tr>
<tr><td>规格型号</td><td></td><td>生产厂家</td><td></td></tr>
<tr><td colspan="6">蒸炒锅设备描述</td></tr>
<tr><td>设备作用</td><td colspan="5"></td></tr>
<tr><td>控制参数</td><td colspan="5"></td></tr>
<tr><td>注意事项</td><td colspan="5"></td></tr>
<tr><td>危险因素</td><td colspan="5"></td></tr>
<tr><td rowspan="2">状态色标</td><td>红</td><td>橙</td><td colspan="2">黄</td><td>绿</td></tr>
<tr><td>重点关注</td><td>次重点关注</td><td colspan="2">一般关注</td><td>轻微关注</td></tr>
</table>

知识链接

花生预处理核心设备的结构及工作原理

一、破碎机结构及工作原理

油料破碎的方法有撞击、剪切、挤压及碾磨等几种形式。油脂制取企业常用的破碎设备主要是辊式破碎机，此外也可采用锤式破碎机、圆盘剥壳机等。

辊式破碎机分为单对辊破碎机和双对辊破碎机两种。它们的结构基本上是相同的，只是前者较后者更为简单，动力消耗也相应小些。具体选用则应根据实际生产情况而定。辊式破碎机由进料装置、轧辊装置、辊距调节装置、传动装置、机架等部分组成。

1. 进料装置

进料装置由存料斗、喂料辊、永久磁铁、喂料淌板组成，其作用是调整喂料量及保证在整个辊长方向上流量的均匀，并清除进机油料中的铁杂，防止齿辊的损坏。

2. 轧辊装置

齿辊破碎机的上下两对齿辊分别平列安放，每对齿辊相向转动，其中一个为快辊，另一个为慢辊，每对辊的辊齿按“锋对锋”配置。工作时，由于对辊速差的存在，两个相向转动的齿辊利用齿辊上齿角的剪切和挤压作用，将落入辊间的油料切成小块，从而达到破碎的目的。

油料轧坯设备微课

3. 辊距调节装置

辊距调节装置可用来改变齿辊的间距，以保证油料破碎后的粒度满足工艺要求。

为保证油料的破碎效果，必须控制油料的水分、温度、含杂量及流量。保持破碎机合理的工作条件，如齿辊的磨损情况、齿辊两端挡板的密封情况、齿辊两端间隙的调整是否一致等。

4. 传动装置

利用电机提供动力，通过齿轮箱进行调速和改变动力，两侧通过轴承转动来实现平稳转动。

5. 机架

为防止物料黏结，并确保物料在破碎辊中间，在机架上设置有物料导向板及清扫刮板。

二、轧坯机结构及工作原理

轧坯机是利用轧辊所产生的碾压力，将油料由粒状压制成片状的设备。主要由喂料装置、轧辊、辊距调整装置、刮刀、挡板、机架及传动装置等所组成。

1. 喂料装置

喂料装置的作用是保证在整个轧辊长度上的均匀下料和进行流量调节。它由旋转着的喂料辊、料斗及控制闸门组成。喂料辊上有粗而宽的长槽，当它不断转动时，可将油料均匀地喂入轧辊。

2. 轧辊

轧辊是轧坯机的主要工作构件，分光面辊和槽纹辊两种。绝大多数轧坯机的轧辊是光面辊，槽纹辊仅用于双对辊轧坯机的上对辊。

3. 辊距调整装置

图 2-5 为液压紧辊轧坯机的结构示意图。液压紧辊系统由油泵、油缸、活塞、连杆及轧距调节螺杆等组成。

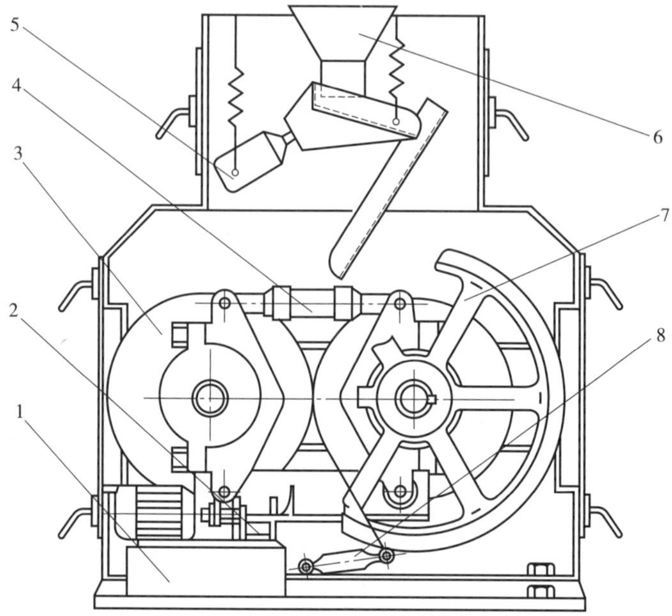

1—油箱　2—油泵　3—轧辊　4—油缸　5—电磁振动器
6—进料斗　7—转动皮带轮　8—刮刀油缸

图 2-5　液压紧辊轧坯机

轧辊间距的调整是通过调整油缸活塞行程来实现的。调整时将活塞缓慢收缩，使两辊靠近，此时锁定活塞螺母以固定其行程。停用时将油缸活塞伸出，从而使两辊离开。动、定辊之间的最小间隙由油缸活塞行程来保证，防止两辊相撞。根据制油工艺的要求，可以调节液压系统的压力，从而改变轧坯机的辊间压力，辊间压力为 40~60bar。轧辗工作时，当达到规定的油缸压力后，油泵能自动停止进油，而当油缸压力降到一定限度时，油泵能自动启动向油缸供油，以保证轧辊工作的恒定压力。此过程通过电气控制系统来完成，从而保证自动控制液压紧辊的稳定操作。轧辊上的刮刀也是通过液压系统来控制的，它平时不接触辊面，当需要刮料时，刮刀即在液压油缸及活塞的控制下自动靠拢辊面进行刮料，刮料后又能与辊面脱离，以避免刮刀长期紧贴辊面而造成刮刀和辊面的磨损。

液压紧辊轧坯机的进退辊、两辊间压力调节、异物掉入辊间后轧辊瞬间脱开及刮刀对辊面的刮料等动作都由液压系统来实现，其显著特点有辊间压力大而稳定、轧制的坯片薄而结实、粉末度小、调节灵活方便、设备处理量大等。

4. 刮刀和挡板

轧辊底部装有刮料的刮板，其作用是把黏附在轧辊上的料坯及时地刮落下来，保持辊面的光滑。刮刀通常通过液压系统来控制，使其和辊面保持经常接触的状态。在轧辊两端的上半部装有挡板，其作用是防止从轧辊两端跑料，造成一些油料漏轧。

三、蒸炒锅的结构及工作原理

立式蒸炒锅是一种连续性生产设备，将轧坯后所得生坯，经湿润、蒸坯、炒坯使其成熟，从而提高出油率和改善原油质量，能较好地适应压榨工艺要求。

油料蒸炒设备微课

1. 层式蒸炒锅的结构

层式蒸炒锅是国内油脂制取企业常用的蒸炒设备。它由数层蒸锅单体重叠装置而成。每一层蒸锅单体的结构基本相同，都有边夹层和底夹层，夹层中通入蒸汽以加热料坯。蒸炒锅中心有一垂直轴通过各层，在每一层蒸锅单体中有转速为 25~35r/min 的两把桨式搅拌翅固定在垂直轴上，对料层进行搅动。在每层锅体底板上开有正方形或长方形的落料孔，每层落料孔处均安装有自动料门装置，通过控制落料量来调节每层锅体中的料层高度。湿润装置一般安装在层式蒸炒锅的第一至第二层，喷汽管装在搅拌桨叶的背面，蒸汽经上段空心的搅拌轴通过喷汽管喷入料层中。每层蒸锅单体的侧壁均有排汽管，共同接到总排汽管上，以排出蒸炒过程中蒸发的水蒸气。生坯从第一层进入，依次经过各层，最后从蒸炒锅最底层的出料孔排出。

2. 层式蒸炒锅的工作过程

蒸炒锅工作时，生坯进入第一层锅体，凝胶部分进行水分吸收和膨胀，随着搅拌使湿润均匀，生坯达到最优开始水分。湿润料坯经自动料门落入蒸坯层，在搅拌中受到间接蒸汽加热，利于蒸坯，为保证料层持水，蒸坯过程插板紧闭。蒸后物料经自动料门落入炒坯层后，继续受到间接蒸汽加热，此间抽开插板排放蒸汽，使水分逐渐减少，最后料坯从底层出料口排出。

子任务三　花生预处理系统核心设备操作

引导问题 1：花生预处理系统正常的开车顺序是什么？停车顺序是什么？

引导问题 2：花生预处理系统哪些参数是控制参数，哪些参数是调节参数？

任务实施

按照花生预处理系统操作规程，完成花生预处理系统核心设备（辊式破碎机、轧坯机、层式蒸炒锅）操作，花生预处理系统核心设备开停车操作任务评分表见表 2-3。

表 2-3　花生预处理系统核心设备开停车操作任务评分表

<table>
<tr><th>序号</th><th>内容</th><th>要点</th><th>配分</th><th>评分标准</th><th>得分</th></tr>
<tr><td colspan="2" rowspan="2">准备工作</td><td>穿戴工作服</td><td>2</td><td>未穿戴整齐扣 2 分</td><td></td></tr>
<tr><td>工具准备</td><td>2</td><td>工具选择不正确扣 2 分</td><td></td></tr>
<tr><td colspan="2">操作设备 1</td><td colspan="4">辊式破碎机的开、停机操作</td></tr>
<tr><td>1</td><td>操作前提</td><td>破碎机检查</td><td>2</td><td>检查破碎机防护装置的完好性，1 分
设备送电，将 PLC 开关调至自动，1 分</td><td></td></tr>
<tr><td rowspan="5">2</td><td rowspan="5">操作过程</td><td rowspan="2">操作步骤正确</td><td rowspan="2">10</td><td>未按规定程序破碎扣 5 分</td><td></td></tr>
<tr><td>漏项或操作不当扣 5 分</td><td></td></tr>
<tr><td rowspan="3">生产操作</td><td rowspan="3">10</td><td>未检查破碎料坯扣 2 分</td><td></td></tr>
<tr><td>未调整辊间距扣 3 分</td><td></td></tr>
<tr><td>未按规定顺序停机扣 5 分</td><td></td></tr>
<tr><td rowspan="2">3</td><td rowspan="2">操作结果</td><td>破碎效果检查</td><td>5</td><td>未检查破碎效果扣 5 分</td><td></td></tr>
<tr><td>破碎机的操作情况</td><td>5</td><td>未检查破碎机情况扣 5 分</td><td></td></tr>
<tr><td colspan="2">操作设备 2</td><td colspan="4">轧坯机的开、停机操作</td></tr>
<tr><td>1</td><td>操作前提</td><td>轧坯机检查</td><td>2</td><td>检查轧坯机防护装置完好性，1 分
设备送电，将 PLC 开关调至自动，1 分</td><td></td></tr>
<tr><td rowspan="5">2</td><td rowspan="5">操作过程</td><td rowspan="2">操作步骤正确</td><td rowspan="2">10</td><td>未按规定程序轧坯机扣 5 分</td><td></td></tr>
<tr><td>漏项或操作不当扣 5 分</td><td></td></tr>
<tr><td rowspan="3">轧坯机的生产操作</td><td rowspan="3">10</td><td>未检查轧坯料坯扣 2 分</td><td></td></tr>
<tr><td>未调整轧坯机辊间距扣 3 分</td><td></td></tr>
<tr><td>未按规定顺序停机扣 5 分</td><td></td></tr>
<tr><td rowspan="2">3</td><td rowspan="2">操作结果</td><td>轧坯效果检查</td><td>5</td><td>未检查轧坯效果扣 5 分</td><td></td></tr>
<tr><td>轧坯机的操作情况</td><td>5</td><td>未检查轧坯机情况扣 5 分</td><td></td></tr>
</table>

续表

序号	内容	要点	配分	评分标准	得分
操作设备 3		层式蒸炒锅的开、停机操作			
1	操作前提	蒸炒锅检查	2	检查传动部分，1 分 检查锅体各连接部分，1 分	
2	操作过程	操作步骤正确	10	未加注润滑油扣 5 分	
				未紧固连接螺栓扣 5 分	
		蒸炒锅的生产操作	10	未检查刮刀状态扣 2 分	
				未进行开车前检查扣 3 分	
				停车后未清理设备扣 5 分	
3	操作结果	炒锅运转正常	5	出现故障扣 5 分	
		设备干净整洁	5	停车后未清理扣 5 分	
遵守安全规定			扣分	违规一次总分扣 5 分；严重违规停止操作	
合计			100		

知识链接

花生预处理的工艺要求

无论采用压榨法或溶剂浸出法从油籽中提取油脂，都需要先把油籽轧制成适合于取油的料坯。

一、破碎的工艺要求

要求油料破碎后应不出油，不成团，少成粉，粒度均匀符合要求。花生破碎粒度为 6~8 瓣，粉末粒度控制为通过 20 目筛不超过 5%。为了达到破碎的要求，必须控制破碎时油料的水分含量。通常，花生的适宜破碎水分为 7%~12%。

油料的水分调节微课

二、轧坯的工艺要求

1. 入料要求

轧辊间的缝隙很小，进入轧坯机的油料要预先进行适当的处理，对于大颗粒油料如花生仁和大豆等应先予以破碎，对含油量较低的大豆及水分含量低、组织较硬的油菜籽、棉籽等油料需经软化。

2. 坯片厚度

轧坯后的坯片要求薄而匀、少成粉、不漏油三者兼顾。对于不同油料和不同制油工艺，要求料坯的适宜厚度有所不同。高油分油料的料坯应厚些，低油分油料的料坯厚度应薄些，直接浸出工艺的料坯应薄些，预榨浸出或膨化浸出的料坯可厚些。要求花生仁轧坯厚度为 0.4~0.5mm。料坯粉末度控制在 20 目筛的筛下物不超过 3%。

三、蒸炒的工艺要求

蒸炒环节总的工艺要求是，高水分蒸坯使料坯蒸炒均匀，保证足够的蒸炒时间使油料细胞结构破坏充分、蛋白质变性彻底，使得物料水分含量低、维持适宜的高温状态并紧接后续的压榨工序。

湿润蒸炒法可分为湿润、蒸坯、炒坯三个环节，每个环节的具体要求如下。

1. 湿润环节

（1）湿润方法　水汽并用，能达到先湿后热要求。

（2）保持密闭　湿润环节要求密闭，关闭出气口的插板，防止蒸汽大量外逸，以提高湿润效果。

（3）装料要足　湿润环节通常在立式蒸炒锅的第一层锅体内进行，一般要求湿润生坯的装入量为本层锅体容量的 80%~90%，以使生坯有充分的时间与水蒸气接触，达到湿润均匀的目的。

油料的蒸炒工艺技术微课

2. 蒸坯环节

湿润后的料坯紧接着进行蒸坯。蒸坯同样在密闭的情况下进行，以使水分充分地渗透到料坯的内部，并保证经历一定时间让蛋白质、磷脂等物质发生变化，破坏其细胞结构。

（1）密闭好、升温快　蒸坯环节要求在密闭的情况下升温要快，使料层空间保持较高湿度，减少料坯与空气接触的机会，避免氧化。一般蒸坯环节在立式蒸炒锅的第二、三层内进行。这两层都要把出气口的插板关闭好，才能将料坯蒸透蒸好。

（2）装料要足　一般要求立式蒸炒锅第二、三层的装料量为本层锅体容量的 80%左右。

（3）温度控制　蒸坯环节的操作温度一般控制在 95~100℃。

（4）时间　生坯从立式蒸炒锅上口进料，相继经过湿润环节和蒸坯环节，时间控制在 40min 左右。

3. 炒坯环节

炒坯是紧接蒸坯之后进行干燥脱水并使蛋白质等物质进一步变化的过程。炒坯是先在蒸炒锅的下层锅体内处理之后，然后再经输送设备转入榨油机上部的调节炒锅内进行处理。

（1）及时排气　炒坯过程中，要及时排气。操作中要注意打开立式蒸炒锅炒坯层的排气支管插板，让排气畅通。

（2）装料要少　炒坯层内装料要少，使料层薄些，空间留得大些。一般其装料量为锅体容积的 40%~50%，以利于排气。

（3）时间　一般炒坯过程先在立式蒸炒锅的第四、五层进行，然后转入调节炒锅继续炒坯。炒坯时间，前段控制在20min左右，后段控制在30min左右。这样，料坯通过湿润环节、蒸坯环节和炒坯环节共需时间90min左右。当然，针对不同油料以及油料预处理的不同要求，各环节所经历时间还可相应调整，包括蒸坯环节和炒坯环节所处设备位置也可调整。

子任务四　花生预处理系统生产质量控制

引导问题1：花生轧坯工艺效果判断的依据是什么？

引导问题2：花生熟坯工艺效果判断的依据是什么？

任务实施

一、花生预处理生产故障分析

故障1：某压榨花生油生产企业在花生破碎工段出料颗粒大。请分析可能的原因，并提出相应的处理措施。

原因分析：

处理措施：

破碎机故障分析与处理

故障2：轧坯质量的优劣直接影响花生的出油率，压榨花生油生产线检查后发现轧坯机压辊不吃料。请分析可能的原因，并提出相应的处理措施。

原因分析：

处理措施：

故障 3： 立式蒸炒锅在工作过程出现料坯生熟不匀，水分和温度未达到要求的情况。请分析可能的原因，并提出相应的处理措施。

轧坯机故障分析与处理

蒸炒锅故障分析与处理

原因分析：

处理措施：

二、企业案例分析

某压榨花生油工厂 200t/d 规模压榨花生油生产线，检查后发现轧坯机压辊掉边，对设备进行了改进，加大轧坯机轧辊端部“E”区的研磨量，如图 2-6 所示。按规程规定，“E”区的研磨量（S）为 0.1mm，加大后的为 0.5mm。为了避免由于加大了轧辊端部“E”区的研磨量后而带来的端部花生坯偏厚的问题，在轧坯机布料轧辊两端各加了一个可调节的挡料

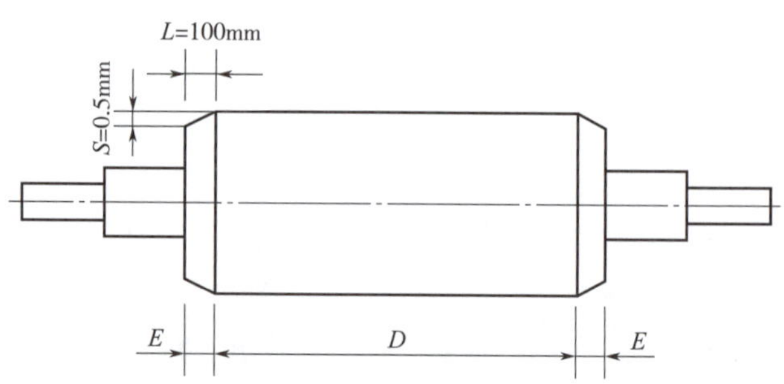

图 2-6　轧辊端部“E”区研磨区示意图

板，避免原料经过轧辊端部“E”区。这样虽然在理论上降低了轧辊工作长度，但从实际来看，产量并未降低，而且质量效果也比较理想，还延长了轧辊端部的研磨周期（由原来350h增大到700h），减少了停机次数。

故障1： 针对轧坯机压辊掉边问题，还能采取哪些措施呢？

故障2： 某压榨花生油生产企业油脂生产中控室参数显示异常，经初步排查后发现蒸炒后料坯的温度和水分达不到入榨要求，请分析可能的原因，并提出相应的处理措施。

原因分析：

处理措施：

知识链接

花生预处理效果的影响因素

一、破碎的影响因素

为了达到破碎的要求，必须控制破碎时油料的水分含量。水分含量过高，油料不易破碎，且容易被压扁、出油，还会造成破碎设备不易吃料、产量降低等问题；水分含量过低，破碎物的粉末度增大，含油粉末容易黏附在一起形成结团。此外，油料的温度也会对破碎效果产生影响。热油籽破碎后的粉末度小，而冷油籽破碎后的粉末度较大。

二、轧坯的影响因素

1. 油料的性质

要将油料轧成薄而坚韧的坯片，油料必须有适宜的弹塑性。油料温度、含油量、含水量、含壳量等直接影响其弹塑性。

含有硬杂将造成轧辊表面损伤，甚至造成轧辊掉边的严重事故。粒度尽可能必须符合轧坯的要求并保证轧辊对其有足够小的啮入角。同时要求油料粒度尽可能均匀一致，以保证轧坯后的料坯基本均匀。油料中若含过多的坚硬外壳，在轧坯时会因外壳有较高的抵抗外力作用的能力而使辊间缝隙增大，造成轧坯质量的降低或质量不稳定。油料抵抗外力作用的能力也随温度而变化。温度越低，油料的弹性越大，可塑性越小，反之可塑性越大。随着温度的升高，油料可塑性增加，且所含油脂的黏度降低，在轧坯时容易出油。

当油料含油量很高，且坯片又轧制得很薄时，大量油脂附着在辊表面导致油料在辊间打滑吃不进料，使轧坯机产量降低甚至无法工作。干燥油料有很显著的脆性，轧制成的坯片上有很多裂痕，稍加压力即易粉碎。潮湿油料具有很大的可塑性，受压时易成片状，但油料水分含量较高时，在轧辊的作用下会分离出部分油脂使坯片黏结起来，形成很薄的带状。

2. 轧坯设备

油料轧坯效果的影响因素和操作控制分析微课

轧坯设备的形式、结构、机械性能及轧辊质量等对轧坯效果影响很大。轧辊的辊面形式、轧辊速比等对油料的作用形式不同，因此所轧制的坯片质量就各异。轧辊的紧辊方式不同，辊面压力就不同，轧坯效果也就不同。轧辊的辊径、圆度、辊面硬度、辊面平整度等不仅对轧坯质量产生影响，而且也与轧坯机的运行、使用寿命及动力消耗等直接相关。

3. 轧坯操作对轧坯效果的影响

轧坯时油料的流量必须均匀稳定，油料必须均匀分布在整个辊面上。油料流量过大会造成轧坯机的堵塞；流量太小或断料，会因轧辊空转而造成轧辊相互碰撞、损伤轧辊表面甚至造成轧辊掉边。在辊面上的下料不均会造成轧辊表面的不均匀磨损，形成马鞍形辊和圆台形辊，由此造成轧坯厚薄不一致并且很容易形成轧辊掉边的现象。

三、蒸炒的影响因素

蒸炒对熟坯性质的基本要求是必须具有合适的塑性和弹性，同时要求熟坯要有很好的一致性。熟坯的一致性包括熟坯总体一致性和熟坯内外部的一致性。总体一致性是指所有熟坯粒子在大小和性质（水分、可塑性）方面的一致，而内外部一致性则是指每一料坯粒子表里各层性质的一致。

采用现行的连续蒸炒工艺和设备时，由于生坯本身质量的不一致、料坯通过蒸炒锅的时间不一致、部分料坯湿润时的结团以及部分料坯受传热面的过热作用形成硬皮等，必将导致料坯蒸炒过程中的不一致性。为了减少蒸炒过程的不一致性，生产上必须采取措施以保证料坯的均匀蒸炒：保证进入蒸炒锅的生坯质量（水分、坯厚及粉末度等）合格和稳定；均匀进料；对料坯的湿润应均匀一致，防止结团；蒸坯时充分利用料层的自蒸作用，防止硬皮的产生；蒸炒锅各层存料高度要合理，料门控制机构灵活可靠；加热应充分均匀，保证加热蒸汽质量及流量的稳定，夹套中空气和冷凝水的排除要及时；保证各层蒸锅的合理排汽；保证足够的蒸炒时间；回榨油渣的掺入应均匀等。

任务评价

花生预处理学习任务评价表见表2-4。

表2-4　　花生预处理学习任务评价表

班级：　　　　　　　　姓名：　　　　　　　　学号：

<table>
<tr><th colspan="2" rowspan="2">评价项目</th><th rowspan="2">评价标准</th><th rowspan="2">分值</th><th colspan="3">评价</th><th rowspan="2">综合得分</th></tr>
<tr><th>自评</th><th>互评</th><th>师评</th></tr>
<tr><td rowspan="4">职业素养15%</td><td>日常考勤</td><td>学习态度端正，无无故缺勤、迟到、早退现象</td><td>5</td><td></td><td></td><td></td><td></td></tr>
<tr><td>工作规范</td><td>严格遵守操作规程，精益求精、安全生产</td><td>5</td><td></td><td></td><td></td><td></td></tr>
<tr><td>团队合作</td><td>团队协作，分工明确，沟通良好</td><td>3</td><td></td><td></td><td></td><td></td></tr>
<tr><td>车间整理</td><td>工具、设备及时归位；保证车间清洁</td><td>2</td><td></td><td></td><td></td><td></td></tr>
<tr><td rowspan="11">专业能力65%</td><td rowspan="2">子任务一
花生预处理系统工艺流程图识读</td><td>将花生预处理工艺流程图转化为相应的方框图</td><td>10</td><td></td><td></td><td></td><td></td></tr>
<tr><td>准确指出花生预处理系统的核心设备</td><td>5</td><td></td><td></td><td></td><td></td></tr>
<tr><td rowspan="3">子任务二
花生预处理系统核心设备认知</td><td>正确填写破碎机设备标识卡</td><td>5</td><td></td><td></td><td></td><td></td></tr>
<tr><td>正确填写轧坯机设备标识卡</td><td>5</td><td></td><td></td><td></td><td></td></tr>
<tr><td>正确填写蒸炒锅设备标识卡</td><td>5</td><td></td><td></td><td></td><td></td></tr>
<tr><td rowspan="3">子任务三
花生预处理系统核心设备操作</td><td>正确进行破碎机开停车操作</td><td>5</td><td></td><td></td><td></td><td></td></tr>
<tr><td>正确进行轧坯机开停车操作</td><td>10</td><td></td><td></td><td></td><td></td></tr>
<tr><td>正确进行蒸炒锅开停车操作</td><td>5</td><td></td><td></td><td></td><td></td></tr>
<tr><td rowspan="3">子任务四
花生预处理系统生产质量控制</td><td>准确写出花生预处理工艺效果的评价指标</td><td>5</td><td></td><td></td><td></td><td></td></tr>
<tr><td>分析花生预处理常见的生产性故障，并给出正确的处理方案</td><td>5</td><td></td><td></td><td></td><td></td></tr>
<tr><td>结合企业实际案例正确异常现象判断与处理</td><td>5</td><td></td><td></td><td></td><td></td></tr>
<tr><td rowspan="3">任务成果20%</td><td>工作完整</td><td>能按时、按量完成任务</td><td>5</td><td></td><td></td><td></td><td></td></tr>
<tr><td>规范填写</td><td>能正确填写引导问题</td><td>5</td><td></td><td></td><td></td><td></td></tr>
<tr><td>成果展示</td><td>能准确表达、汇报工作成果</td><td>10</td><td></td><td></td><td></td><td></td></tr>
<tr><td colspan="3">合计</td><td>100</td><td></td><td></td><td></td><td></td></tr>
</table>

不同的花生油生产工艺

课后作业

花生油不饱和脂肪酸含量达到80%以上，同时含有固醇、麦胚酚、磷脂、维生素E、胆碱等营养成分，是国内消费者喜爱的一种食用油。市面上常见的花生油类型包括浓香型花生油、清香型花生油、特香型花生油等。结合浓香型花生油、特香型花生油生产工艺，简单阐述浓香型花生油及特香型花生油的预处理工艺特点。

任务二 花生油压榨

情境描述

压榨法制油在我国油脂工业中占有较为重要的地位，压榨取油的过程，就是借助机械外力的作用，将油脂从榨料中挤压出来的过程。压榨时，榨料粒子在压力作用下内外表面相互挤紧，致使其液体部分和凝胶部分分别产生两个不同过程，即油脂从榨料空隙中被挤压出来及榨料粒子变形形成坚硬的油饼。

本学习任务分解成4个子任务，分别为花生油压榨系统工艺流程图识读、花生油压榨系统核心设备认知、花生油压榨系统核心设备操作、花生油压榨系统生产质量控制。

学习目标

知识目标

1. 掌握花生油压榨工艺流程。
2. 掌握花生油压榨系统各工序目的及意义。
3. 掌握花生油压榨系统各工序方法及要求（质量标准）。
4. 熟悉花生油压榨系统各工序核心设备结构及功能。
5. 掌握花生油压榨系统各工序的影响因素。

能力目标

1. 能指出螺旋榨油机、澄油箱、过滤机各部位的结构及功能。
2. 能叙述榨油机、澄油箱、过滤机的工作过程。
3. 能正确说出花生油压榨系统的操作控制要点，并分析其对生产的影响和作用。

4. 能绘制花生油压榨系统工艺流程图，进行花生油压榨系统核心设备的开停车操作。

5. 会对花生油压榨系统主要控制项目及主要工艺参数进行合理调控。

6. 能准确分析花生油压榨系统常见的故障原因并采取正确的处理措施。

素质目标

1. 严格遵守花生油压榨系统操作规程完成设备操作，形成科学严谨、规范操作的工作作风。

2. 精确选择花生油压榨工作参数，培养精益求精的管理意识。

3. 精准控制花生油压榨各工段工艺效果，培养质量意识。

4. 分析花生油压榨生产性故障案例，培养工程思维能力。

任务书

某 200t/d 规模花生油压榨（清香型）DCS 仿真系统（图 2–7），运行参数进行全过程动态仿真。

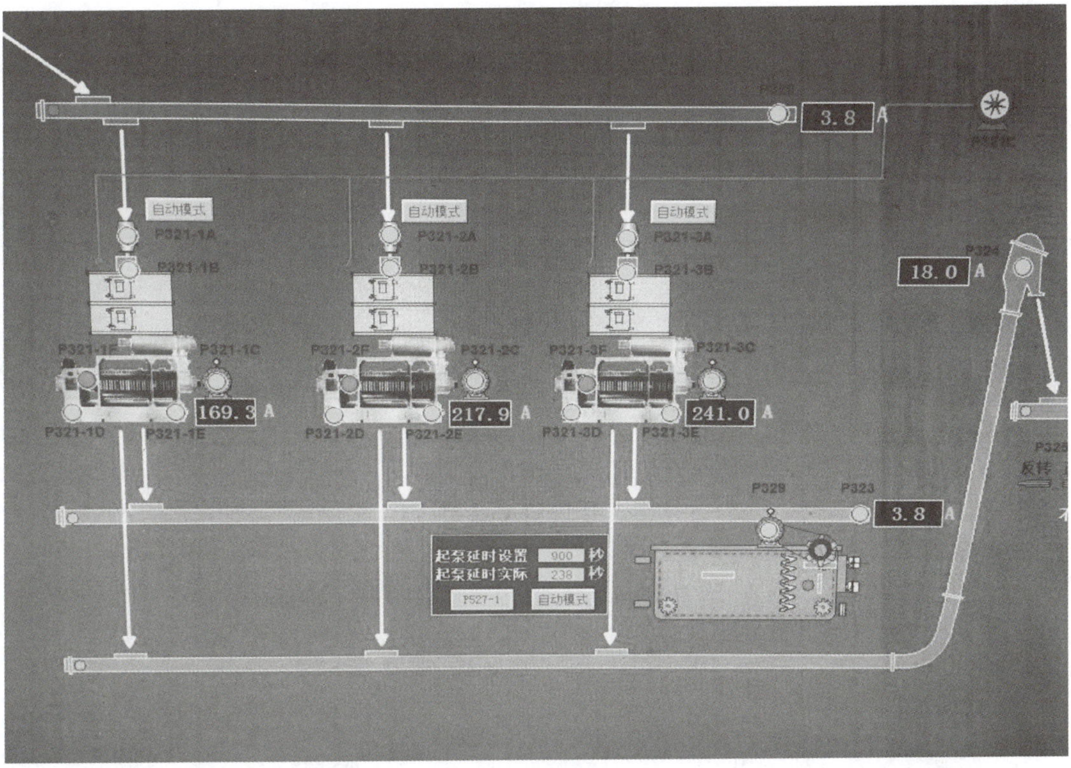

图 2–7　花生油压榨 DCS 仿真系统

花生油压榨工作任务单见表 2-5。

表 2-5　　花生油压榨工作任务单

<table>
<tr><td>班级</td><td></td><td>组号</td><td></td><td>组长</td><td></td><td>日期</td><td></td><td>指导老师</td><td></td></tr>
<tr><td>成员</td><td colspan="9"></td></tr>
<tr><th>序号</th><th colspan="2">工作任务</th><th colspan="4">要求</th><th colspan="3">知识链接</th></tr>
<tr><td>1</td><td colspan="2">花生油压榨系统工艺流程图识读</td><td colspan="4">识读花生油压榨工艺流程，标注榨油机、澄油箱、过滤机及物料名称，将工艺流程图转化为方框图</td><td colspan="3">压榨法取油的基本原理</td></tr>
<tr><td>2</td><td colspan="2">花生油压榨系统核心设备认知</td><td colspan="4">学习榨油机、澄油箱、过滤机等设备动画、图片资源，填写设备标识卡</td><td colspan="3">花生油压榨系统核心设备的工作原理及结构</td></tr>
<tr><td>3</td><td colspan="2">花生油压榨系统核心设备操作</td><td colspan="4">正确操作螺旋榨油机</td><td colspan="3">螺旋榨油机运行控制要点</td></tr>
<tr><td>4</td><td colspan="2">花生油压榨系统生产质量控制</td><td colspan="4">依据花生油压榨各工序质量指标，学习花生油压榨生产性故障案例，分析故障原因并寻找解决办法</td><td colspan="3">花生油压榨效果的影响因素</td></tr>
<tr><td>工作准备</td><td colspan="9">认真阅读工作任务书，借阅或上网查阅相关资料，获取榨油机、澄油箱、过滤机的结构、工作原理及主要参数等信息。
利用问卷或实地调研压榨花生油生产企业，获取花生油压榨系统操作控制要点、安全操作规程等资料</td></tr>
</table>

工作实施

子任务一　花生油压榨系统工艺流程图识读

引导问题 1：__________是借助机械外力的作用，将油脂从油料料坯中挤压出来的制油方法。

引导问题 2：按压榨时榨料（　　），压榨法制油可分为一次压榨和预榨。（多选题）

A. 所受压力的大小　　B. 压榨制油的深度

C. 压榨制备温度高低　　D. 压榨制油时间长短

冷榨和热榨花生油生产工艺

任务实施

识读花生油压榨中控界面（图 2-7），标注榨油机、澄油箱、过滤机及物料名称，将工艺流程图转化为方框图。

知识链接

压榨法取油的基本原理

一、压榨过程

压榨就是借助机械外力的作用，将油脂从榨料中挤压出来的过程。在压榨的过程中，主要发生的是物理变化，如物料变形、油脂分离、摩擦发热、水分蒸发等。但由于温度、水分、微生物等的影响，同时也会产生某些生物化学方面的变化，如蛋白质的变性、酶的钝化和破坏、某些物质的结合等。压榨时油脂从榨料空隙中被挤压出来及榨料粒子变形形成坚硬的油饼，见图 2-8。

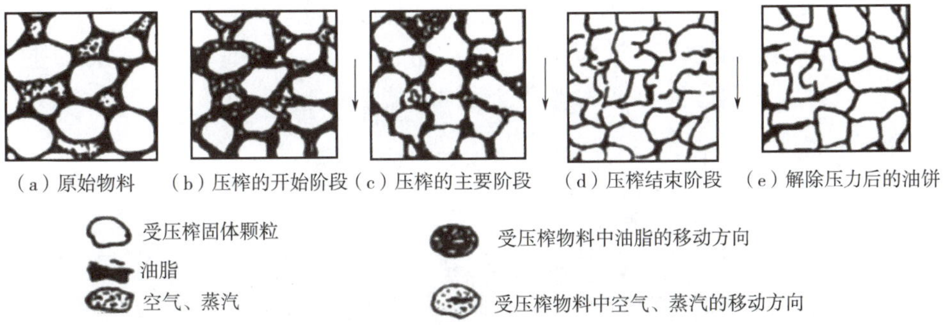

图 2-8　榨料在受压下的油脂压榨过程简图

压榨的开始阶段粒子开始变形，在个别接触处结合，粒子间孔隙缩小。空气（蒸汽）放出，油脂开始从孔隙中压出；压榨主要阶段粒子进一步变形结合，空隙更缩小，油脂大量被榨出，油路尚未封闭；压榨结束阶段粒子结合完成，通道横截面突然缩小，油路显著封闭，油脂已很少榨出，解除压力后的油饼由于弹性变形而膨胀生成细孔，有时有粗的裂缝，未排走的油反被吸入。解除压力后的油饼由于弹性变形而膨胀生成细孔，有时有粗的裂缝，未排走的油反被吸入。

二、压榨取油的必要条件

1. 榨料通道中油脂的液压越大越好

压榨时传导于油脂的压力越大，油脂的液压也就越大。施加于榨料上的压力只有一部分传给油脂，其余部分则用来克服粒子中的变形阻力。要使克服凝胶骨架阻力的压力所占比重降低，必须改善榨料的结构即榨料的机械性质。但是提高榨料上的压力而超过某种限度，就会使流油通道收缩和封闭，反而会影响出油效率。

2. 榨料中流油毛细管的直径越大越好、数量越多越好（即多孔性越大越好）

压榨制油基本理论微课

在压榨过程中，压力必须逐步提高，突然提高压力会使榨料过快地压紧，使油脂的流出条件变差。并且在压榨的第一阶段中，由于迅速提高压力而使油脂急速分离，榨料中的细小粒子被急速的油流带走，增加了压榨原油的含渣量。榨料的多孔性是直接影响排油速度的重要因素。要求榨料的多孔性在压榨过程中，随着变形仍能保持到终了，以保证油脂顺利流出，饼中残油达到最小值。

3. 流油毛细管的长度越短越好

流油毛细管长度越短，即榨料层厚度越薄，流油的暴露表面越大，则排油速度越快。

4. 压榨时间在一定限度内要尽量长些

压榨过程应有足够的时间，以保证榨料内油脂的充分排出，但是时间太长，会因流油通道变狭甚至闭塞而收效甚微。

5. 受压油脂的黏度越低越好

黏度越低，油脂在榨料内运动的阻力越小，越有利于出油。生产中通过蒸炒来提高榨料的温度，使油脂黏度降低。

三、压榨过程中的排油动力和排油深度

1. 压榨过程中的排油动力

压榨过程中的排油动力问题，实质是油脂在压榨过程中从榨料的细胞内部排出的速率问题。过程速率正比于推动力而反比于阻力。压力即为压榨过程的推动力，而黏度即为压榨过程的阻力。

油料经过预处理工序后，虽然已为油脂从熟坯中分离出来创造了必要和充分的条件，但油脂毕竟不会自动流出来。对于压榨法制油而言，还必须依靠机械施加足够强大的压力，才能使油脂摆脱料坯中固体物质的束缚。因此，榨机榨膛中就需要建立起强大的压力，才能使油脂从油料中顺利排出。但是，在压榨过程中，仅仅建立了足够的压力，而没有较高的温度配合，出油效果也不会好。因为没有足够高的温度，油脂黏度就不可能降低很多，即油脂排出的阻力大，在压榨过程中油脂排出也就不顺畅。

由此可见，在压榨过程中，油脂的排出速率主要取决于压力和温度，压力是油脂从榨料中排出的必要前提，而温度则是降低排油阻力的必要条件。

2. 压榨过程中的排油深度

压榨过程中的排油深度问题，实质是油脂在压榨过程中的排净程度问题。压榨过程的排油动力是压力和温度（或是黏度）。那么，在压榨过程

中，尽量地提高压力和温度，使油脂的黏度降低到 0，把料坯中的油脂能否全部压榨出来呢？

事实上，在榨油过程中，榨膛压力不可能无止境地增大，料坯温度也不可能无限地提高。由于油分子在料坯中彼此之间的引力不可能降低到 0，故油脂黏度也就不可能降低到 0。因此，在压榨过程中最后形成的饼块内总会残留一定数量极薄的油膜（存在于饼块的内外表面，一般肉眼看不到）。所以，可以得出结论：在压榨过程中，即使在最适宜的压力和温度以及其他条件的配合下，油脂也不可能完全从料坯中被压榨出来。

此外，油料在预处理过程中，经过破碎、轧坯工序时，在强大的机械剪切力和压力的作用下，细胞结构（主要是细胞膜）已受到很大程度的破坏；在蒸炒过程中细胞的胶体结构又受到了进一步的破坏。但以上破坏都不会也不可能完全彻底。因此，油脂不可能完全被压榨出来。

再者，料坯在强烈的压榨过程中，排油缝隙已变得很小，其中的油膜已变得极薄，致使其失去了一般流体动力学的特性，近乎塑性固体的性质，表现为固体物质分子引力及油分子之间的引力作用，总会滞留一层薄薄的油膜，因而导致饼块内的残油率不会太低。由此可见，压榨过程既不可能将料坯中的油脂榨净，也不可能使饼中的残油率降到很低。

四、饼块的形成

压榨过程中，随着油脂的大量排出，微量水分蒸发，榨料体积不断缩小，散粒体的榨料最后形成多孔性的塑性体即饼块。饼块的形成过程伴随发生着油脂从多排到少排、压力从低到高的上升、榨料由不连续相形成连续相的几种变化过程。

榨料能形成饼块的必要条件是，榨料必须具有适宜的可塑性，且能承受压力。没有可塑性的榨料，即使压力再大，也难以形成饼块。而影响料坯可塑性的因素是入榨料坯的水分和温度。

五、压榨原油中悬浮物的分离

压榨原油中悬浮杂质的分离工艺分为油-渣分离（粗分离）和悬浮物分离（细分离）两个步骤。

1. 压榨原油中油-渣分离（粗分离）

压榨所得的原油中，含有许多不同大小的饼渣或称“油渣”，压榨原油中油渣的含量随入榨料坯性质、压榨条件、榨机结构的不同而变化很大，可以在 2%~15%。一般要求压榨过程的排渣量须控制在 10% 以下，而实际上有时可高达 15%。油-渣分离（粗分离）即对这些压榨原油中油渣的分离，常在压榨车间的压榨操作之后立即进行，并将分离出来的含油杂质（主要是饼渣或滤饼）用螺旋输送机送回榨机炒锅随料坯一起进行复榨。

油-渣分离后的原油含渣量和饼渣含油量随分离工艺和所用设备的不同

而有所区别。一般经分离后的原油含渣量为0.5%~1.5%，若仅利用澄油箱进行重力沉降，可使分离后的原油含渣量由10%~15%降至1%左右，而采用重力沉降与过滤机结合的方法，可使分离后原油含渣量降至0.1%~0.3%。采用通常的分离工艺和设备，分离出的饼渣含油量一般为20%~50%。

2. 悬浮物分离（细分离）

压榨原油经过油-渣粗分离，可以去除较大颗粒的固体杂质，但仍然含有一些细小的固体杂质和悬浮杂质，细小悬浮杂质的存在对油脂精炼工艺效果产生不良的影响，如在水化脱胶过程中引起油脂的乳化等。压榨原油粗分离后须进一步对原油中悬浮物进行细分离，要求经细分离后原油中悬浮杂质含量控制在0.1%以下。

子任务二　花生油压榨系统核心设备认知

引导问题1：螺旋榨油机压榨取油的基本过程可以分为（　　）。（多选题）

A. 进料段　　B. 主压榨段　　C. 成饼段

引导问题2：填写ZY28型螺旋榨油机（图2-9）部件名称。

ZY28型螺旋榨油机结构

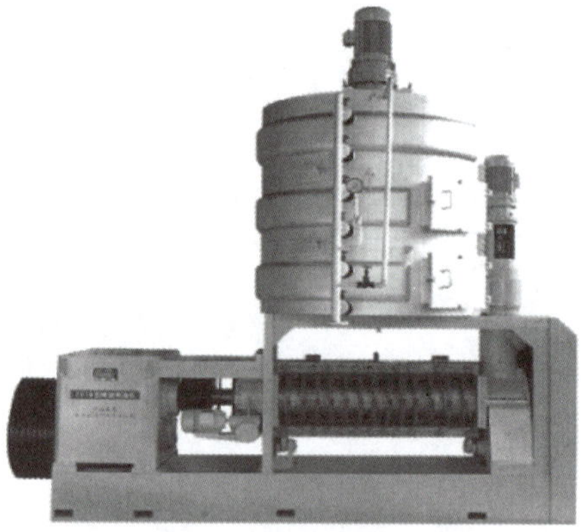

图2-9　ZY28型螺旋榨油机

____

____

____

引导问题3：列举油-渣分离（粗分离）、悬浮物分离（细分离）的常见的设备。

____

____

____

引导问题 4：填写澄油箱（图 2-10）部件名称。

澄油箱结构

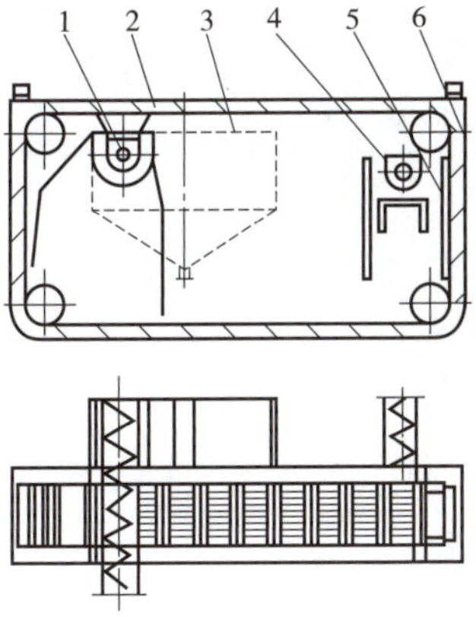

图 2-10　澄油箱

引导问题 5：填写隔膜压滤机（图 2-11）部件名称。

隔膜压滤机结构

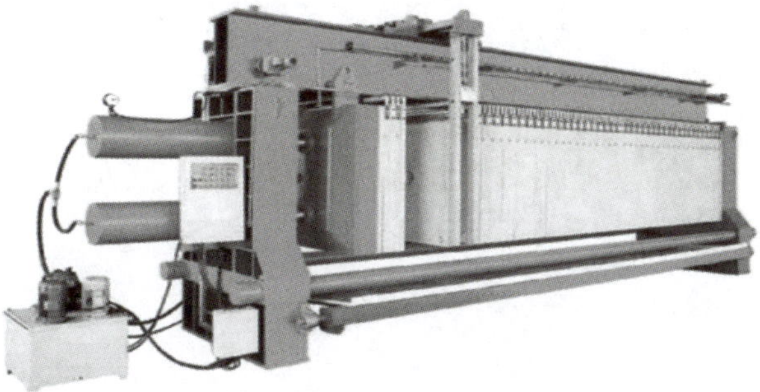

图 2-11　隔膜压滤机

任务实施

填写表 2-6 花生油压榨系统核心设备标识卡。

表 2-6　　　　花生油压榨系统核心设备标识卡

<table>
<tr><td>设备 1</td><td>螺旋榨油机</td><td>设备分级</td><td></td><td rowspan="2">颜色状态</td><td rowspan="2"></td></tr>
<tr><td>规格型号</td><td></td><td>生产厂家</td><td></td></tr>
<tr><td colspan="6">设备描述</td></tr>
<tr><td>设备作用</td><td colspan="5"></td></tr>
<tr><td>控制参数</td><td colspan="5"></td></tr>
<tr><td>注意事项</td><td colspan="5"></td></tr>
<tr><td>危险因素</td><td colspan="5"></td></tr>
<tr><td rowspan="2">状态色标</td><td>红</td><td>橙</td><td colspan="2">黄</td><td>绿</td></tr>
<tr><td>重点关注</td><td>次重点关注</td><td colspan="2">一般关注</td><td>轻微关注</td></tr>
<tr><td>设备 2</td><td>澄油箱</td><td>设备分级</td><td></td><td rowspan="2">颜色状态</td><td rowspan="2"></td></tr>
<tr><td>规格型号</td><td></td><td>生产厂家</td><td></td></tr>
<tr><td colspan="6">设备描述</td></tr>
<tr><td>设备作用</td><td colspan="5"></td></tr>
<tr><td>控制参数</td><td colspan="5"></td></tr>
<tr><td>注意事项</td><td colspan="5"></td></tr>
<tr><td>危险因素</td><td colspan="5"></td></tr>
<tr><td rowspan="2">状态色标</td><td>红</td><td>橙</td><td colspan="2">黄</td><td>绿</td></tr>
<tr><td>重点关注</td><td>次重点关注</td><td colspan="2">一般关注</td><td>轻微关注</td></tr>
<tr><td>设备 3</td><td>压滤机</td><td>设备分级</td><td></td><td rowspan="2">颜色状态</td><td rowspan="2"></td></tr>
<tr><td>规格型号</td><td></td><td>生产厂家</td><td></td></tr>
<tr><td colspan="6">设备描述</td></tr>
<tr><td>设备作用</td><td colspan="5"></td></tr>
<tr><td>控制参数</td><td colspan="5"></td></tr>
<tr><td>注意事项</td><td colspan="5"></td></tr>
<tr><td>危险因素</td><td colspan="5"></td></tr>
<tr><td rowspan="2">状态色标</td><td>红</td><td>橙</td><td colspan="2">黄</td><td>绿</td></tr>
<tr><td>重点关注</td><td>次重点关注</td><td colspan="2">一般关注</td><td>轻微关注</td></tr>
</table>

知识链接

花生油压榨系统核心设备的工作原理及结构

一、螺旋榨油机的工作原理

螺旋榨油机的工作原理是由于旋转着的螺旋轴在榨膛内的推进作用，使榨料连续地向前推进。在此过程中，由于榨螺螺距逐渐缩小，榨螺螺纹宽度逐渐增大，榨螺根圆直径逐渐增大，使榨膛空间逐渐变小，榨料在榨膛内受到压缩而产生强大的挤压力。这样，油脂便从榨笼的缝隙中流出，固体物料被压制成饼块从螺旋轴末端不断排出。其过程如图 2-12 所示。

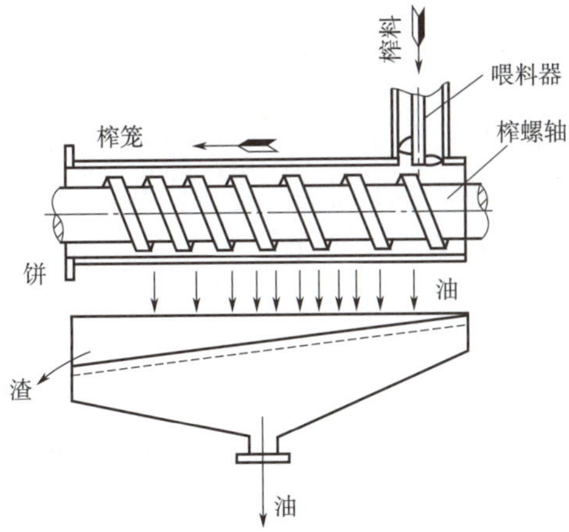

图 2-12 螺旋榨油机的压榨过程示意图

螺旋榨油机
动画演示

自动调隙
榨油机

榨料在压榨过程中，受到的挤压力来源于压缩力、出饼阻力和摩擦阻力。

1. 压缩力

料坯进入榨机后，首先受到喂料螺旋垂直向下的压力，被强迫压入榨膛。物料在榨膛内由旋转着的榨螺向前推进。在推进的过程中，物料受到压缩的根本原因在于以下两个方面。

（1）榨螺方面 榨螺顺推料方向螺距逐渐缩小，螺纹宽度逐渐增大，榨螺根圆直径逐渐增大。

（2）榨膛方面 榨膛内径顺推料方向变小（ZX10 型榨油机不具备此结构特点）。

榨料在几种国产螺旋榨油机榨膛内所经受的压缩过程，通常是由两级压榨实现的。

第一级压榨，榨料进入榨膛后，由于榨膛空间逐渐缩小而受到压缩，排出大部分油脂。此时榨料的结构已比较紧密，随着榨螺的推送，进入第二级压榨。

第二级压榨，榨料刚进入此级压榨时，由于榨膛空间突然增大，使原来较紧密的榨料得到一个疏松机会，结构受到调整，油路得到疏通。接着，榨料随榨螺继续被推进，推进中，榨膛空间已较第一级压榨时更小，使榨料受到更加剧烈的压榨，以尽可能多地挤压出油脂。最后榨料从环形出饼缝隙挤出，成为饼块，从而完成第二级压榨。

2. 出饼阻力

出饼端部的环形出饼缝隙是由螺旋轴上的抵饼圈或短套筒和嵌合在机架上的出饼圈套合构成的。其缝隙大小可以调节，从而控制排出的饼达到要求的厚度。出饼厚薄直接影响到料坯在榨膛内受到的阻力大小。当出饼缝隙调大时，饼的厚度大，排量多，容易排出，此时榨料在榨膛内受到的阻力会小些；当出饼缝隙调小时，饼的厚度薄，排量小，此时榨料受到的阻力就要大些。所以，在压榨过程中，为了取得好的工艺效果，应使榨料在榨膛内保持一定的压力，以保证料坯内的油脂尽可能多地压榨出来，这就要求掌握控制好出饼厚度。

3. 摩擦阻力

料坯在榨膛内的运动有轴向移动和径向移动，这些移动均为不规则运动。这些不规则运动会产生多种摩擦阻力，包括料坯与榨条、榨圈，料坯与榨螺，料坯相互之间产生的摩擦阻力。这些摩擦阻力中，料坯与榨条、榨圈的摩擦阻力最大，因为榨条有棱角，榨圈内腔有径向齿状沟槽。其次是料坯与榨螺的摩擦阻力，尽管榨螺螺纹是光滑的，但它在旋转中推进榨料，因而其摩擦阻力也不小。后一种是料坯相互之间的摩擦阻力，它是由于料坯自身运动的不规则性产生的。以上这些摩擦阻力的最大作用是使榨料在榨膛内建立起足够的压力，同时对于不断地打开料坯之间的油路具有一定的好处。再者由于摩擦生热，使榨料温度进一步升高，从而进一步促进料坯中的蛋白质变性，细胞结构破坏，可塑性增大，油脂黏度降低，也有利于压榨出油。

4. 榨膛的压缩曲线

在螺旋榨油机榨膛内，榨料进入进料段后，由于榨螺螺纹宽度逐节增加，螺距缩小，榨螺根圆直径增大等原因，使物料在随榨螺旋转而被推进的过程中受到压缩。在榨膛内，其被压缩程度随着物料的推进而发生变化。把榨料在榨膛内被推进过程中的压缩程度的变化情况描绘成曲线，称为榨膛的压缩曲线，见图 2-13。

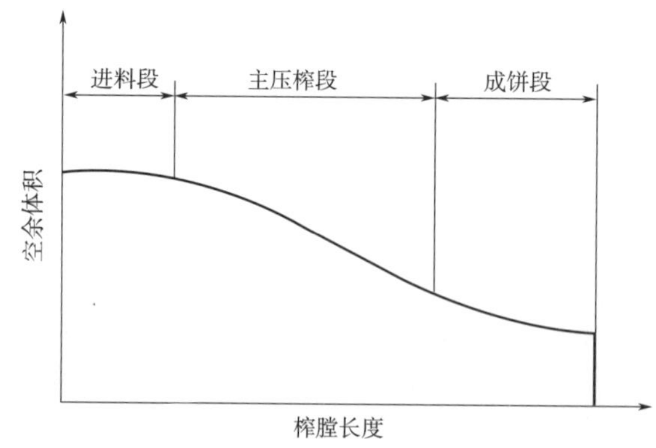

图 2-13　螺旋榨油机压榨阶段及榨料空余体积变化

在螺旋榨油机中，压榨取油过程可以分为三个阶段，即进料段（预压段）、主压榨段（出油段），成饼段（重压沥油段）。

（1）进料段　榨料在进料段开始被挤紧，排出空气和少量水分，发生塑性变形形成“松饼”，并开始出油。高油分油料在进料压缩阶段即开始出油。要注意在进料段易产生回压作用，应采取强制进料和预压成型的措施，克服“回料”。

（2）主压榨段　此阶段是形成高压、大量排油的阶段。这时由于榨膛空间体积迅速有规律地减少，榨料受到强烈挤压，料粒间开始结合，榨料在榨膛内成为连续的多孔物而不再松散，大量油脂排出同时榨料还会因螺旋中断、榨膛刮刀及榨笼棱角的剪切作用而引起料层速差位移、断裂、混合等现象，使油路不断打开，有利于迅速排出油脂。

（3）成饼段　榨料在成饼段已形成瓦块状饼，几乎成整体式推进，因而也有较大的轴向压缩阻力。此时的瓦块状饼的可压缩性已经不大，但仍须保持较高的压力，以便将油沥干而不致被回吸。最后从榨油机排出的瓦块状饼，会由于弹性膨胀作用出现体积增大的现象。

压榨过程中大量的油脂是在榨油机的前一半榨膛中被榨出的，即在进料段和主压榨段的区域内榨出的，这可以从在螺旋轴长度上饼中残油率的变化特性得到证实。当然在榨膛内沿轴向分布的排油情况，会随着榨料含油和榨机结构的不同而有所变化，但总的来说希望是出现在主压榨段内，结构设计或操作不当会引起排油位置后移或提前。

在压榨过程中，油饼沿径向层次的含油率不一样，内表面层的含油率比外表面层高，同时压榨物料径向层次残油率之间的差别随着榨料向出饼口的推移而减小。而实际排出机外的饼径向层次残油率正好呈相反的关系，即饼外层的残油高于内层的残油。这种现象的产生可以认为是由于螺旋榨油机结构特点所致：一方面榨膛内油饼的单向排油必然使沿螺旋轴表面处榨料的油路较长而不易排出；另一方面在进料段和主压榨段前部的料层较厚，容易产生含油率梯度，在压榨后期，榨料被压缩变薄，同时在靠近螺旋轴表面处的水分蒸发强度比榨笼内壁处高，以致将榨料粒子孔隙内的油脂挤出，因此内外饼层之间的含油率梯度相对缩小了；当饼排出机外时由于压力的消失，水分急剧蒸发及外层饼面油脂的回吸等反而使内层饼含油率低于外表层。

二、螺旋榨油机的分类

螺旋榨油机的型式很多，然而所有螺旋榨油机都有类似的结构和工作原理，其区别仅在于主要组成部件的型式和尺寸。螺旋榨油机的主要工作部件是螺旋轴、榨笼、喂料装置、调饼装置及传动变速装置等。我国螺旋榨油机的型号是按榨膛内径命名的，见表 2-7。型号前加 ZX 表示压榨油机，型号前加 ZY 表示预榨油机。按压榨工艺分类，ZX10 型、ZX18 型、ZX28 型属于压榨榨油机，ZY24 型、ZY28 型属于预榨油机。按生产能力分类，ZX10 型、ZX18 型、ZY24 型属于小型榨油机，ZX28 型、ZY28 型属于大型榨油机，生产能力为压榨 40~60t/d 和预榨 140~320t/d。ZY32 型螺旋榨油机，是近几年我国研制的大型预榨机，处理量为 220~260t/d。其结构主要由进料装置、榨笼、螺旋轴、校饼机构、调整炒锅、机座及传动机构等组成。ZY338 型螺旋榨油机，专门为满足大型油脂制取企业预榨-浸出工艺要求而设计的一种连续螺旋榨油机，适用于对各种商用油料，如花生仁、棉籽、菜籽、葵花籽、蓖麻、玉米胚芽等的压榨。处理量为 280~300t/d，其结构主要由送料机构、榨笼、螺旋轴及减速装置等组成。ZY40 型螺旋榨油机适用于大宗高含油料的制油，采用液压开合榨笼及榨螺的锁紧，使设备更易于操作与维修。处理量为 450~500t/d，其结构主要由送料机构、榨笼、榨膛、螺旋轴等组成。

按生产能力大小可分为大、中、小型榨油机；按榨膛数目或螺旋轴压榨次数可分为一、二、三级榨油机；在油脂压榨生产工艺上，通常按其压力大小及用途将其分为一次榨机和预榨机两大类。

表 2-7　我国常用螺旋榨油机　　单位：t/d

类型	一次榨机					预榨机				
型号	ZX10	ZX18	ZX20/80	ZX28	ZX32	ZY24	ZY28	ZY32	ZY338	ZY40
生产能力	3.5~5	8~10	15~20	40~60	90~120	45~50	140~160	220~260	280~300	450~500

三、螺旋榨油机的结构

螺旋榨油机的主要工作部件是螺旋轴、榨笼、榨膛、喂料装置、调饼装置等。

1. 螺旋轴

螺旋轴是螺旋榨油机最重要的一个部件。工作时螺旋轴不断地把榨料推向前进并对其进行压榨。由于螺旋轴对榨料的强烈挤压摩擦，所以很容易磨损。螺旋轴的结构型式有整体式、套装式、变速螺旋轴三种。整体式螺旋轴是用一根整轴车制而成，榨轴磨损到一定程度后需整轴更换，很不经济，仅用于小型榨油机。绝大多数榨油机采用套装式螺旋轴，即将一节节榨螺（或榨螺和距圈）顺序套装在转动轴上拼装成的螺旋轴。套装式螺旋轴根据榨螺的连续与否又分为连续螺旋式和配置距圈的断续螺旋式两种。前者的特点是压榨时间短，榨膛压力大，回料少，适于冷榨和整籽压榨。如 ZX10 型螺旋榨油机即采用连续式套装螺旋轴。后者的特点是利用距圈与榨膛中刮刀的配合，使榨料在榨膛内进行翻动，避免了榨料随轴转动和油路闭塞的不良现象，同时相对延长了压榨时间，有利于提高出油效率。

常用的套装式螺旋轴主要由榨轴以及套在榨轴上的榨螺和距圈组成。榨螺是外面围绕了一条螺旋筋即螺纹的中空的圆柱体或圆锥体。其螺纹顶端的直径称作螺纹外径，螺纹底端的直径即圆柱体或圆锥体的外圆直径称作螺底直径或底圆直径，螺纹围绕一圈所拉开的距离称为螺距。

距圈是表面没有螺纹的中空的圆柱体或圆锥体，装在榨螺与榨螺之间。若前后两个榨螺的螺底直径相同，则其间的距圈为平距圈，否则为锥形距圈。距圈两端的外圆直径应与相邻榨螺的螺底直径相同。距圈的位置与榨膛中刮刀的位置所对应。

当螺旋轴与榨笼配合时将形成一个螺纹通道形式的空间，俗称榨膛。榨膛的结构和几何尺寸将影响压榨过程，诸如榨机生产能力、榨膛压力、压榨效果等。榨螺的螺纹高度决定了螺旋轴上螺纹顶面和榨笼配合所形成缝隙的大小。若此缝隙大小适宜则可保证榨机的正常工作，若缝隙增大，将使榨料“回流”增加，或缝隙减少则导致榨料通过这一缝隙时产生部分过热。实践证明，榨机中最适宜的缝隙大小为 1. 25~1. 50mm。

榨螺螺底直径和距圈外径的改变形成台阶式的螺旋轴，否则，形成无台阶的螺旋轴。而榨螺螺距的改变会使螺旋轴推料的速度发生变化。几个螺底直径及螺距不同的榨螺与距圈配合起来，套在一根榨轴上就拼制成为一根螺距逐渐减小、螺底直径逐渐增大的螺旋轴。

如图 2-14 所示为 ZX28 型榨油机的螺旋轴，它有 8 节榨螺和 7 节衬圈，配用功率 90kW。ZY28 型榨轴转速为 45r/min。

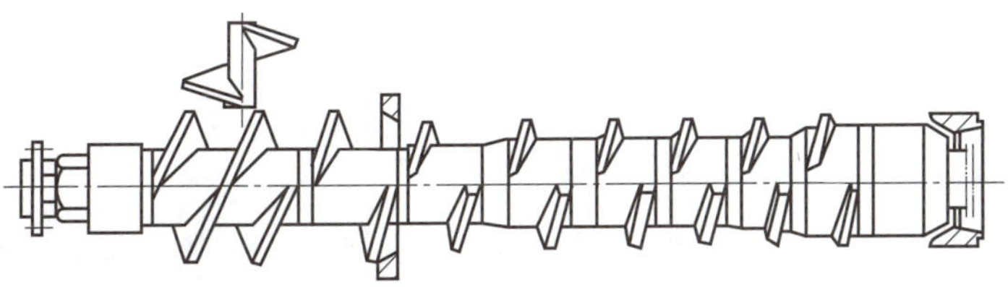

图 2-14　ZX28 型榨油机螺旋轴结构示意图

2. 榨笼

榨笼是螺旋榨油机另一个重要的部件。它通常由装笼板、榨条、凸形榨条、压板、刮刀、垫片、横梁、螺栓等部件组成。将榨条按一定的顺序装砌在装笼板的内圆面上，形成两个结构和尺寸完全相同的半圆筒，再将两个半圆筒装合起来，外面用 4 根横梁和若干根螺栓将其锁紧，即形成榨笼。装砌榨条时要在榨条间安放垫片，以形成榨条间纵向的流油缝隙。榨条间的垫片厚度应依据压榨工艺、榨料的含油量、榨条的新旧程度进行选择。若选择不当，会影响出油效果和压榨原油中的含渣量。榨条需按一定的方向装砌，装好后应使榨笼内表面具有“棘性”，且使“棘性”顺着螺旋轴旋转的方向。榨条的“棘性”安装是为了增大榨料与榨笼内壁间的摩擦力，减少榨料的随轴旋转作用。如果榨条的“棘性”方向装错，会导致榨料堵塞榨条缝隙而难于出油。为避免榨料的随轴旋转，在两个半片榨笼装合时，在两面接合处装进两根和整个榨笼面同长的刮刀，其凸出的刮刀齿伸入榨膛内榨轴上距圈的位置，阻止榨料的抱轴旋转运动。

如图 2-15 所示为 ZX18 型榨油机的榨条、榨笼结构。ZX18 型榨油机的榨笼内径前段为 180mm，后段为 152mm，装笼板有 24 块。榨条有 4 段，

第一段为短榨条，共 44 根，规格为 178mm×19mm×10mm。第二、三、四段为长榨条，共 114 根，规格为 276mm×19mm×10mm。在第一段榨条中还有两根短凸形榨条，在后三段榨条中有 6 根长凸形榨条，它们均为锁紧榨条。压板的作用是压紧榨条。对开圈的作用是对两段直径不同的榨笼进行过渡。压榨油菜籽时，榨条间垫片厚度自进料段的第一段至出饼段的第四段依次为 1. 15，0. 90，0. 50，0. 90mm。

油脂压榨
设备微课

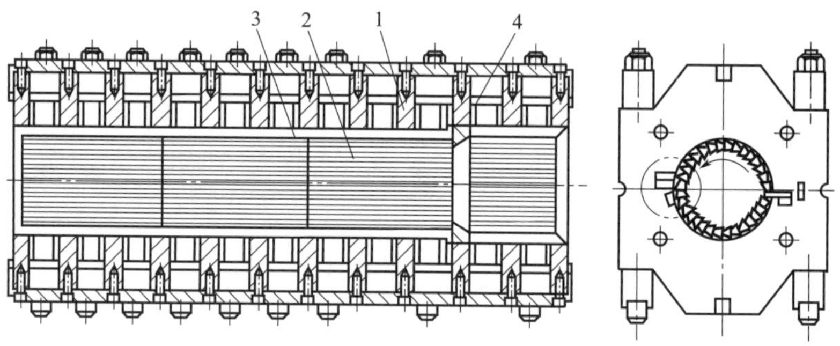

图 2-15　ZX18 型榨油机的榨条、榨笼结构

1—装笼板　2—榨条　3—压板　4—对开圈

国外生产的大型榨油机以及我国生产的 ZX28 型和 ZY28 型榨油机采用了榨笼的铰接结构，使清理榨膛、调整榨条缝隙、调换榨螺等工作无需卸下笨重的榨笼，大大减轻了装拆的劳动强度，缩短了装拆时间。如图 2-16 所示是 ZX28 型榨油机的榨条、榨笼结构。ZY40 型螺旋榨油机采用液压开合榨笼及榨螺的锁紧，使设备更易于操作与维修。

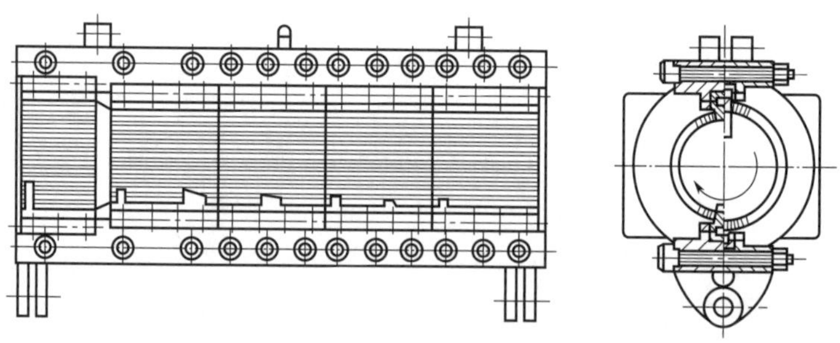

图 2-16　ZX28 型榨油机的榨条、榨笼结构

压榨过程中由于多种摩擦作用而产生大量热能。榨料过热将导致压缩比的降低和油饼质量变坏，甚至严重影响压榨效果。因此某些大型榨机配备有冷却装置。

榨笼的结构型式还可分为圆筒式榨笼、梯段式榨笼、分段组装式榨笼三种。圆筒式榨笼的全长内径一致，结构简单，仅小型榨机中采用。梯段式榨笼的内径按一定规律分梯段变化，但为了减小榨料在榨膛内运动时因截面突变而造成的阻力过大并简化结构，通常只将进料段的内径加大，其余区段的内径一致。当榨笼较长时，为了装拆方便，可将榨笼制成数段，即分段组装式榨笼。

3. 榨膛

榨笼和螺旋轴相配合构成了榨膛，入榨料坯在榨膛内受到压榨。榨膛的结构特征取决于榨笼和螺旋轴的结构型式。不同的榨笼和螺旋轴可形成如图 2-17 所示的四种榨膛型式。

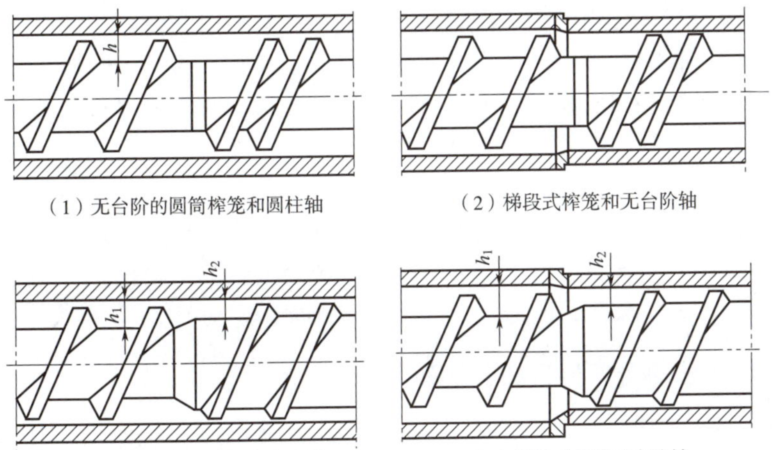

（1）无台阶的圆筒榨笼和圆柱轴　（2）梯段式榨笼和无台阶轴

（3）无台阶的圆筒榨笼和台阶轴　（4）梯段式榨笼和台阶轴

图 2-17　螺旋榨油机不同榨膛的结构型式

（1）无台阶的圆筒榨笼和圆柱轴　其榨膛空间体积的变化是靠自进料端到出饼端螺旋轴上榨螺螺距的逐次减小来实现的，这种型式很少应用。

（2）梯段式榨笼和无台阶轴　其榨膛空间体积的变化通过榨笼直径缩小及榨螺螺距减小来实现。

（3）无台阶的圆筒榨笼和台阶轴　其榨膛空间体积的变化是由螺旋轴榨螺直径改变及螺距减小实现的。

（4）梯段式榨笼和台阶轴　其榨膛空间体积的变化是通过榨笼直径缩小及螺旋轴榨螺直径改变和螺距减小来实现的。

4. 喂料装置

除极少数的小型螺旋榨油机采用自然进料外，绝大多数机型都采用强制进料结构。其优点是喂料均匀，可防止“搭桥”，有利于进料段榨膛内榨料的预压，同时也有利于压榨生产量的提高。

5. 调饼装置

调饼装置是用来调节出饼厚度，并能随之改变榨膛压力的部件。不同机型有不同的调饼机构，但其基本结构和工作原理是一样的，即通过调整锥形出饼圈和锥形抵饼头所形成的环行缝隙的大小，实现对饼的厚度的调节。

四、澄油箱结构及工作原理

压榨原油悬浮物沉降分离微课

压榨原油悬浮物过滤分离微课

澄油箱是一种专业的油-渣沉降分离设备，集沉降和捞渣于一体。在榨油车间中的应用较为普遍。澄油箱由长方体油箱、清油箱、回转埋刮板输送机、长形滤油筛板、原油及油渣螺旋输送机等组成。

澄油箱为一长方体，箱内有一回转埋刮板输送机。油箱上面有一组特制的长形滤油筛板。含渣原油由螺旋输送机送入澄油箱内，经过静置沉淀，原油通过几道隔板从溢流管流入净油池，然后由泵打入滤油机经一部分离其中所含的细渣。刮板输送机以很低的速度持续移动，输送机上的刮板将沉入箱底的油渣刮运上来，在通过上面的筛板时油渣中所含的油通过筛孔漏入箱内，而饼渣则随着刮板移到箱的另一端，落入一条横穿澄油箱的螺旋输送机内，被送往榨油机复榨。

澄油箱对原油中粗大饼渣的沉降效果好，可机械化捞渣和回渣。但其缺点是沉降时间长，分离后的油中含渣量及渣中含油量均较高。此外，澄油箱中热的原油较长时间与空气接触，对原油品质会产生不利影响。

五、隔膜压滤机结构及工作原理

隔膜压滤机主要由机架部分、液压系统、滤板滤布系统、电气部分等组成。隔膜压滤机的外观与普通的板框过滤机类似，通过主液压油杆把滤板组压紧，使滤板组内的腔体连接成连续的容器，为物料连续过滤提供条件。隔膜压滤机的滤板通常来说有四种类型，分别为头板、尾板、膜板和腔板，滤布也会与滤板对应成以上的四种类型。

隔膜压滤机与普通厢式压滤机的主要不同之处就是在滤板与滤布之间加装了一层弹性膜隔膜板。隔膜压滤机工作原理如图 2-18 所示。

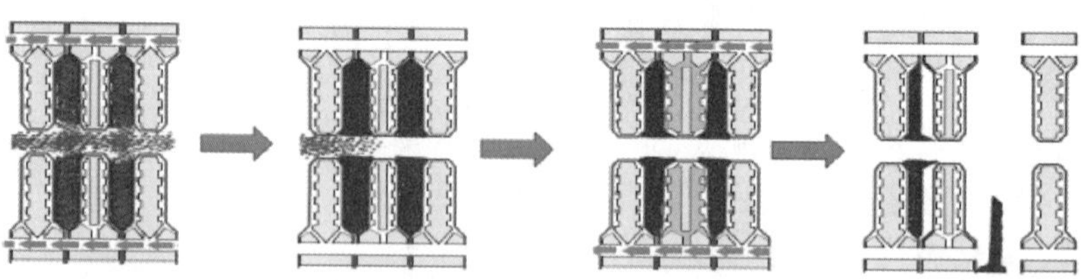

（1）进料过滤　（2）反吹风　（3）隔膜压榨　（4）拉板卸饼

图 2-18　隔膜压滤机工作原理

（1）进料过滤　物料进入压滤机，进料压力使滤液穿过滤布，而固体被滤布截留形成滤饼。随着过滤进行，进料压力持续升高，滤室被滤饼逐渐填满，进料压力达到最大并长时间保持不变，进料速度减小。

（2）反吹风　从压紧板端吹气，可提高滤饼含固量，同时防止管道堵塞。

（3）隔膜压榨　关闭进料阀，向隔膜板内注入高压水，鼓张隔膜进行压榨脱水。

(4) 拉板卸饼　卸下滤饼。

子任务三　花生油压榨系统核心设备操作

引导问题 1： 花生油压榨系统正常的开车顺序是什么？停车顺序是什么？

____

____

____

引导问题 2： 写出花生压榨系统 ZY28 型螺旋榨油机运行过程中的控制要点。

____

____

____

引导问题 3： 写出 ZY28 型螺旋榨油机稳定工况下的主要参数。

____

____

____

任务实施

按照花生油压榨系统操作规程，完成花生油压榨系统核心设备螺旋榨油机的开停车操作，螺旋榨油机的开停车操作任务评分表见表 2-8。

表 2-8　　螺旋榨油机的开停车操作任务评分表

序号	内容	要点	配分	评分标准	得分
1	准备工作	穿戴工作服	3	未穿戴整齐扣 3 分	
		工具准备	2	工具选择不正确扣 2 分	
2	开机检查	检查喂料斗是否有杂物，有则清理干净	4	未检查扣 4 分	
		检查喂料门是否启闭正常，关闭料门	4	未检查扣 4 分	
		检查润滑油是否合适，缺则加，多则排	4	未检查扣 4 分	

续表

序号	内容	要点	配分	评分标准	得分
2	开机检查	检查各紧固螺栓是否松动，是则紧固	4	未检查扣4分	
		检查榨圈和榨条安装是否正常，否则重装	4	未检查扣4分	
		检查校饼头是否能正常调节，松开校饼机构	4	未检查扣4分	
3	开机操作	点动电动机，检查转向是否正确，否则换相更正	4	未检查扣4分	
		沟通联系上下岗位，准备开车	4	未联系上下岗扣4分	
		空载启动，空载运转正常后喂干料或生料暖车	10	未空载运转直接进料扣10分；未暖车扣6分	
4	运转检查	调节校饼机构使饼厚度符合工艺要求，锁紧校饼机构	4	未调节校饼机构扣4分，未锁紧扣2分	
		观察料门开启是否适当，物料流量是否稳定	4	料门开启过大造成堵塞扣4分；物料流量不稳定扣2分	
		观察出油是否正常	4	未检察扣4分	
		观察出渣是否正常	4	未检查扣4分	
		观察出饼是否正常	4	未检查扣4分	
		观察电流是否正常	4	过载使用扣4分	
		观察运行中是否有非正常声音	4	未检查扣4分	
5	停机操作	是否先停料	10	未停料直接停机扣10分	
		用干料排空榨油机内物料后方可停机	5	未用干料顶出榨油机内料坯直接停机扣5分	
		停机前与上下岗位联系好关闭风门方可停车	5	未联系上下岗扣5分	
6	使用工具	使用工具	2	工具使用不正确扣2分	
		维护工具	3	工具摆放不整齐扣3分	
合计			100		

知识链接

ZX28型螺旋榨油机操作规程

螺旋榨油机运行控制要点

一、保持负荷稳定

榨膛内必须有足够的压力才能正常生产。压力正常与否，表现在负荷是否稳定。如果料坯水分太高，电流偏小，则压力降低；如果水分太低，渗渣过猛，含壳太多或冷却过度，电流上升，则压力过大，均需及时调整。

二、注意出饼情况

操作正常后，出饼成瓦块状，略有弹性而坚硬；折之有脆声，折口整齐；正面光滑而背面有细裂纹；有香味；表面无油渍。如果料坯水分过高，则饼成大块状而不易折断，饼软而不坚，无香味而带有生味，饼面有油渍；如果水分太低，则饼酥松易碎，饼色较深，饼背面裂纹增大，有焦味。

三、注意出油情况

当料坯水分太高时，塑性增大成饼过早，因此出油位置提前，油色较浅且泡沫明显增多；如果料坯水分过低，塑性减小成饼较难，成饼位置后移，因此出油位置也移后，油色较深且浑浊（粉末增多）。

四、注意出渣情况

如果水分过高，则出渣位置前移，渣片软且大，出渣量也增多；如果水分过低，出渣成粉状，出渣虽然增多，但出渣位置分散。

子任务四　花生油压榨系统生产质量控制

引导问题 1： ZY28 型螺旋榨油机的正常操作条件是什么？

____

____

____

引导问题 2： 压榨原油的油-渣分离的要求是什么？

____

____

____

任务实施

一、花生油压榨系统核心设备故障分析

故障 1： 某压榨花生油生产企业在花生油压榨过程出现螺旋榨油机在工作过程容易榨膛炸裂的问题。请分析可能的原因，并提出相应的处理措施。

原因分析：

____

____

____

处理措施：

____

____

____

故障 2： 澄油箱在操作及运行过程中发出异常声音。请分析可能的原因，并提出相应的处理措施。

原因分析：

____

____

____

处理措施：

____

____

____

故障 3： 隔膜压滤机操作及运行过程中出现滤板之间跑料的问题。请分析可能的原因，并提出相应的处理措施。

原因分析：

____

____

____

处理措施：

____

____

____

知识链接

花生油压榨效果的影响因素

螺旋榨油机榨油效果的影响因素微课

影响花生油压榨效果的因素，主要包括料坯的预处理质量和压榨工艺条件两个方面。

料坯通过预处理后得到熟胚，使其自身结构、理化性质达到入榨要求，并使之具有适宜的可塑性和抗压力，从而满足压榨时对料坯的质量要求。影响料坯预处理质量的主要因素是料坯的水分和温度。温度和水分对料坯质量的影响在花生预处理工序已经介绍。而压榨工艺条件则包括压榨过程中的榨膛压力、出饼厚度、榨机的压缩比、压榨时间、榨膛温度以及压榨过程中榨料性质的变化等。

一、榨膛压力

1. 榨膛压力的形成

榨膛空间内的压力是由于榨料受压力后对榨机结构相应部分产生反作用所致。这些反作用力大致归纳为两个方面。

（1）榨膛空余体积的缩小，迫使榨料压缩而形成压力。空余体积沿轴向缩小使榨螺螺距依次缩小、榨螺根圆直径逐渐增大以及榨笼内径的逐渐减小。

（2）缩小出饼圈缝宽，增大对榨料的反压力。调节出饼厚度在一定程度上可以改变榨膛内压力的大小。压榨的效果取决于压力增加的特性、最大压力的数值及压榨时间等。

2. 榨膛压力的大小与变化规律

榨膛内压力的变化规律呈指数或幂函数关系曲线。螺旋榨油机的特殊点是最高压力区段较小，即所谓瞬间高压，最大压力一般分布在主压榨段。对于低油分油籽的一次压榨，其最高压力点一般在主压榨段的开始阶段，而对高油分油籽的压榨或预榨，最高压力点一般分布在主压榨段中后期。

3. 影响榨油机榨膛压力的因素

影响榨油机榨膛压力的因素有：榨膛的机械结构、出饼厚度、螺旋轴的转速、流油缝隙、榨油机的使用程度、入榨料坯的预处理质量、进料量等。对于同一台榨油机压榨同一种油料，且进料量相同时，榨膛压力主要与出饼厚度和螺旋轴转速有关。

在正常情况下，榨油机榨膛压力与出饼厚度成反比；电流强度（反映膛压大小）与螺旋轴转速近似成正比。一般来说，榨膛压力越大，出油率越高。榨油机榨膛压力大小是通过电流表读数大小来反映的，读数大时，压力大；读数小时，压力小；电流波动时，压力不稳定。当电流强度稳定时，榨机正常工作，一般出油情况良好。

二、出饼厚度

出饼端部的环形出饼缝隙大小可以调节，从而控制排出的达到要求的厚度。出饼厚薄直接影响到料坯在榨腔内受到的阻力大小。当出饼缝隙调大时，饼的厚度大，排量多，容易排出，此时榨料在榨腔内受到的阻力会小些；当出饼缝隙调小时，饼的厚度薄，排量小，此时榨料受到的阻力就要大些。压榨过程为保证料坯内的油脂尽可能多地压榨出来，要求掌握控制好出饼厚度。

三、压缩比

压缩比和总压缩比是反映榨机榨膛几何特性的概念。如 ZX10 型榨油机第一压榨的压缩比为 5.98，总压缩比为 16.90。ZX18 型榨油机总压缩比为 12.10。ZY24 型榨机两套榨螺构成榨膛的总压缩比分别为 9.60 和 11.50。

理论总压缩比（ε）指在充满系数为 1，指的是在榨料没有随轴旋转及回料的情况下，第一节榨螺和最后一节榨螺的体积输送能力之比值。

实际压缩比 ε_n 是指进入榨油机的熟料体积与由榨机排出的物料体积之比值。实际压缩比曲线是指在对应于每一节榨螺的空余体积内，榨料实际压缩值的变化曲线。

榨油机的理论总压缩比值随着榨机结构型式的不同而有所变化，但都应保证理论压缩比 ε 大于实际压缩比 ε_n，即要求适当的超压，以克服榨料的弹性变形，利于提高出油率。实际上，所有的螺旋榨油机，其 ε 大于 ε_n 值，一般 $\varepsilon/\varepsilon_n=1.5\sim4.5$，有的甚至更高。

实际压缩比反映了榨料在动态压缩状态下的真实受压状态，但实际压缩比的计算存在一定误差，例如由于螺旋榨油机榨膛压力大、排油速率高以及结构上的原因引起的“流渣”，也会引起榨膛体积的缩小；压榨过程中由于高温高压作用，榨料中水分蒸发以及某些化学变化而引起榨料的比重改变；瓦块饼排出机体后，往往因为弹性变形而产生稍微的膨胀。

对含油率高的料坯，入榨前段的压缩比要大些才好。如果本段压缩比太小，压力不足，会使出油位置推后，而沥干段减少；对于含油率低的料坯，入榨前段的压缩比要小些才好。如果本段压缩比太大，就会造成饼块形成过早，而使一部分油被封闭在饼块内，使其不能顺利地排出。总之，要根据不同的油料，选择不同的压缩比，才会有好的压榨效果，也才不致使饼的残油率太高。可见，压榨每一种油料，按理都应配一套符合压缩比要求的榨螺，但现有榨油机一般都只配有一套榨螺，在实践中可以新旧榨螺兼用。

榨机的压缩比越大，出油率越高。榨螺磨损一定程度后，其压缩比会减小，所以需及时换新。

四、压榨时间

螺旋榨油机正常生产时，压榨时间可以看作是榨料通过榨膛的时间。通常是压榨时间长流油较净，出油率高。但压榨时间也不宜过长，否则热量散失多，出油率也不会再有明显增加，相反还会影响设备的处理量。因此，确定压榨时间的长短必须综合考虑榨料性质、压力大小、出饼厚度、含油率以及设备结构等因素，在满足出油效率、有利于油品质量的前提下，尽可能缩短压榨时间。这样既有利于提高设备的处理量，又可以减少不必要的生产消耗。实践中可以根据需要对螺旋轴转速和出饼厚度进行调整，改变压榨时间。

五、榨膛温度

压榨过程中，由于榨料粒子在榨膛内变形、运动和摩擦作用，会产生发热现象，使榨膛温度升高。压榨时提取油脂越彻底，产生的热量就越多，对榨料和榨油机所产生的加热作用也就越强烈。

由于榨膛温度的高低直接影响到榨饼残油率（温度决定排油深度），因而在螺旋榨油机制油工艺中，总是采取“高温度低水分”工艺。入榨料坯的温度有一定的极限，不能高于130℃，膛温高于130℃时，出油率急剧下降，对生产不利。

压榨过程中的发热作用有利于榨料中酶（如米糠中的解脂酶，大豆中的尿素酶）的抑制与破坏，便于后期榨饼（米糠、芝麻等）的贮存和利用，但榨料过热对压榨过程还会产生许多不利的影响。一是导致水分急剧蒸发，破坏榨料在压榨过程中的正常的可塑性；二是使榨饼色泽加深，甚至焦化；三是产生的蛋白质辅助变性作用（要求蛋白质变性过程主要在蒸炒工序中完成），使可溶性蛋白质含量进一步降低，限制了榨饼的综合利用（不过对某些有毒蛋白质变性却有利，如蓖麻蛋白等）；四是使某些榨料中的化学成分产生不利变化，如油料中天然特殊香味物质被挥发或受到破坏，维生素受到破坏；五是使油脂裂解，导致油脂酸价升高；六是使磷脂、游离脂肪酸氧化；七是促使色素、蜡、不皂化物、磷脂等物质溶于毛油中，使其质量变差等。

为了保证压榨效果，必须控制榨膛温度的升高，故在压榨过程中对榨膛进行适当的冷却。常用的冷却方法：用榨出的冷油喷淋榨笼的外表面，冷油温度以60~70℃为宜；采用轴心钻孔的榨轴，将冷水通入螺旋轴的轴心进行冷却，但制作比较麻烦，如冷却操作不当，可能产生的激冷作用或引起榨轴的断裂事故；采用带夹层的榨笼壳，将冷水通入榨笼壳中进行冷却。

澄油箱常见故障分析及处理

隔膜压滤机常见故障分析与处理

二、企业案例分析

故障4： 花生油压榨中控系统提示负荷率较低，分析可能的原因，并提出相应的处理措施。

原因分析：

____

____

____

处理措施：

____

____

____

故障5： 花生油压榨中控系统提示负荷率较高，分析可能的原因，并提出相应的处理措施。

原因分析：

____

____

____

处理措施：

____

____

____

知识链接

螺旋榨油机常见故障分析及处理

压榨是压榨法取得原油的最后一道工序，原油出油率的高低以及质量的好坏，与前面所有工序都是相互关联的。前面工序的操作不正常将会直接影响压榨的效果。至于压榨工序本身，有时也会出现一些不正常的现象，这些现象同样也直接影响压榨效果。常见的不正常现象、产生原因以及解决方法如下。

一、出油率低

（1）开榨初期，榨油机榨膛温度低，出饼太薄或太厚、零件磨损等都会引起出油率过低。

（2）排油缝隙被油渣堵塞或榨条装配得太紧。应根据含油量高低，调整榨条的松紧度。

二、突然停车，螺旋轴卡死

（1）未将油料清选干净，油料中含有石子、金属等硬异物进入榨膛引起的。

（2）在压榨初期未将榨膛磨热即大量投料也可引起这类情况，可用热的油料种子缓缓进料，反复磨机，使榨膛温度升高。

（3）在压榨过程中，榨膛断料后又大量投料，会造成排料不畅，榨膛被油料堵塞。因此，加料时应连续均匀，饼不能太薄。一旦发生故障，应立即关闭电源，将进料调节板插死，停止进料，并将排料板打开，倒开并退出螺旋轴，然后清除膛内油料，重新压榨。

三、跑渣过多

（1）因个别榨条弯曲或间隙过大造成。可卸下榨条，用纱布或油石将甲型榨条三凸方打磨，调直榨条重装，必要时垫些薄铁皮，使间隙保持在0.05~0.08mm。

（2）油料塑性不好，出饼困难，使机膛压力增加。将油料适量拌水，并进行磨机，提高榨油机机温以提高油料塑性。

四、回油以及出饼不顺

（1）榨油机油缝堵塞或油缝太小表面不光都会引起回油。油缝堵塞应拆除榨条进行清洗，油缝太小表面不光应调整榨条间隙，用油石磨光油缝。

（2）饼的厚薄不适宜或者有干饼或石子、铁块等硬异物进入机膛都会引起出饼不顺畅，应调整出饼厚度，抽出榨油机榨螺，检查并清除饼圈和机膛内的干饼、杂物。并根据出饼圈磨损情况，修理或更换新配件。

五、螺旋榨油机不进料

油料的水分过多、榨螺表面不光或者螺旋榨油机榨条磨损都可能是造成螺旋榨油机不进料的原因，应将油料水分调节至适宜的范围，榨螺表面不光可用砂布将榨螺轴打磨或用干渣磨光，榨条磨损可翻转使用或更换榨条。

六、新榨机不出油

初次使用榨油机，由于对榨油机的性能不够了解，没有操作经验，初次试车时就可能出现不出油或者出油很少的情况。其原因及处理方法如下。

1. 榨条缝隙太小

在所有榨油机使用说明中所列榨条间的垫片厚度，是指正常操作时使用的厚度，而对新榨油机而言，所有的零件都是新的，情况便有所不同。新榨条没有受到磨损，棱角明显而尖锐，使用同样厚的垫片，新榨油机的榨条间隔要小一些。据此，当使用新榨油机时，垫片厚度要适当大一些，这样榨条间隙增大，就会防止不出油的现象发生。

2. 榨膛表面粗糙

由于榨条、榨螺都是新的，未经磨损，表面粗糙（不光滑），这种情况也会导致不出油。其解决方法有二：一是使用前，用砂纸将榨条、榨螺各个表面（主要是与料坯的接触面、出油面）磨光、除锈，以增加光滑度；二是试车时先以不成形的细饼屑、滤渣喂入榨油机，待开车一定时间后，榨膛表面逐渐光滑后再喂熟料。

七、榨膛炸裂

无论是新榨油机还是老榨油机都出现过榨膛炸裂事故，产生这类事故的主要原因有下列几点。

1. 长时间带料停机未清理

榨油机长时间带料停机后没有及时清理榨橙内部物料，直接启动会导致榨橙炸裂。榨油机长时间带料停机启动之前，应及时清理榨橙内部残留物料，避免榨橙炸裂问题出现。

2. 榨油机中混入坚硬物质

在榨油之前的工序中由于混入石块，或由于除铁效果不好而混入铁器，或设备局部松动以及检修时的疏忽而混入螺母之类的铁质零件等，它们与料坯一起进入榨膛，也能引起榨膛的损坏。为了防止这类事故，在前面的有关工序应该检查除铁设备是否完善，检修时螺丝、螺母应该清点、记数、对号，检修后还应仔细检查，试车时更应注意倾听是否有异声，操作时应注意电流是否稳定。

八、榨轴折断或扭曲变形

当榨轴轴端与榨机尾部变速箱中齿轮轴用联轴节连接时，齿轮轴与榨轴应该在同一中心线上。由于制造上的偏差、安装不当或经过使用一段时间后，榨机前的墙板有所位移，这样就使榨轴与齿轮轴不在同一中心线上，特别是前一段的偏差较大，“来复线”偏差受力不均匀，因此容易产生榨轴扭曲变形。

任务评价

花生油压榨学习任务评价表见表2-9。

表 2-9 花生油压榨学习任务评价表

班级： 姓名： 学号：

<table>
<tr><th colspan="2" rowspan="2">评价项目</th><th rowspan="2">评价标准</th><th rowspan="2">分值</th><th colspan="3">评价</th><th rowspan="2">综合得分</th></tr>
<tr><th>自评</th><th>互评</th><th>师评</th></tr>
<tr><td rowspan="4">职业素养15%</td><td>日常考勤</td><td>学习态度端正，无无故缺勤、迟到、早退现象</td><td>5</td><td></td><td></td><td></td><td></td></tr>
<tr><td>工作规范</td><td>严格遵守操作规程，精益求精、安全生产</td><td>5</td><td></td><td></td><td></td><td></td></tr>
<tr><td>团队合作</td><td>团队协作，分工明确，沟通良好</td><td>3</td><td></td><td></td><td></td><td></td></tr>
<tr><td>车间整理</td><td>工具、设备及时归位；保证车间清洁</td><td>2</td><td></td><td></td><td></td><td></td></tr>
<tr><td rowspan="9">专业能力65%</td><td rowspan="2">子任务一 花生油压榨系统工艺流程图识读</td><td>将花生油压榨工艺流程图转化为相应的方框图</td><td>10</td><td></td><td></td><td></td><td></td></tr>
<tr><td>准确指出花生油压榨涉及的主要设备</td><td>5</td><td></td><td></td><td></td><td></td></tr>
<tr><td rowspan="3">子任务二 花生油压榨系统核心设备认知</td><td>正确填写螺旋榨油机设备标识卡</td><td>5</td><td></td><td></td><td></td><td></td></tr>
<tr><td>正确填写澄油箱设备标识卡</td><td>5</td><td></td><td></td><td></td><td></td></tr>
<tr><td>正确填写过滤机设备标识卡</td><td>5</td><td></td><td></td><td></td><td></td></tr>
<tr><td>子任务三 花生油压榨系统核心设备操作</td><td>正确操作螺旋榨油机</td><td>20</td><td></td><td></td><td></td><td></td></tr>
<tr><td rowspan="3">子任务四 花生油压榨系统生产质量控制</td><td>准确写出压榨花生油工艺效果的评价指标</td><td>5</td><td></td><td></td><td></td><td></td></tr>
<tr><td>分析花生油压榨常见的生产性故障，并给出正确的处理方案</td><td>5</td><td></td><td></td><td></td><td></td></tr>
<tr><td>结合企业实际案例进行故障分析与处理</td><td>5</td><td></td><td></td><td></td><td></td></tr>
<tr><td rowspan="3">任务成果20%</td><td>工作完整</td><td>能按时、按量完成任务</td><td>5</td><td></td><td></td><td></td><td></td></tr>
<tr><td>规范填写</td><td>能正确填写引导问题</td><td>5</td><td></td><td></td><td></td><td></td></tr>
<tr><td>成果展示</td><td>能准确表达、汇报工作成果</td><td>10</td><td></td><td></td><td></td><td></td></tr>
<tr><td colspan="3">合计</td><td>100</td><td></td><td></td><td></td><td></td></tr>
</table>

古法压榨制油微课

液压榨油机动画演示

液压榨油机制油微课

课后作业

1. 液压压榨为静态压榨法，南方称土榨、北方称笨榨，是我国千年古法木榨精髓的延续，请通过微课延伸阅读，思考古法压榨工艺的优缺点有哪些。

2. 1900 年第一台连续式螺旋榨油机在美国问世，制油方法从传统间歇式榨油变为了连续式榨油。国外对螺旋榨油技术的研究已经有 120 多年的历史。目前，国外对榨油机的研究更多侧向于工业级榨油机，除对具体机型的研究外，还对榨螺转速、物料投放量和榨螺螺距等压榨条件对出油率影响、压榨方式对油脂理化指标影响和压榨过程中油料的流变特性等方面进行研究。我国关于螺旋榨油机榨油的研究已经有 70 年的历史。从最初的小产能机型发展成小产能、大产能和智能型机型并存，国内的相关研究学者对榨油机的研究也变得更加系统。请根据榨油机的演变发展史，用思维导图画出榨油机设备的发展历程。

项目三

浸出大豆油制取

任务一

大豆预处理

情境描述

大豆预处理的主要任务是在制取大豆油脂之前将大豆制成具有一定工艺性质的物料，预处理工艺的好坏对油脂的质量和风味有着重要的影响。

随着大豆振兴计划的实施、市场对产品多样化的需求、企业追求加工成本最低化以及市场对高蛋白豆粕、等级豆粕的要求，预处理工艺也有了新的发展。大豆调质—破碎—脱皮—挤压膨化的预处理工艺，是当前的主流工艺，可以提高油脂产品及其副产品的质量，并有效降低能耗和溶剂消耗。熟练掌握大豆预处理系统操作控制的核心技能，对大豆油生产节能降耗具有重要意义。

本学习任务分解成 4 个子任务，分别为大豆预处理工艺流程图识读、大豆预处理核心设备认知、大豆预处理仿真系统操作、大豆预处理生产质量控制。

学习目标

知识目标

1. 掌握大豆预处理工艺流程。
2. 掌握大豆预处理各工序的目的及意义。
3. 掌握大豆预处理各工序方法及要求（质量标准）。
4. 熟悉大豆预处理各工序核心设备结构及功能。
5. 掌握大豆预处理各工序的影响因素。

能力目标

1. 能指出调质塔、大豆皮仁风选器、膨化机各部位的结构及其功能。
2. 能叙述调质塔、大豆皮仁风选器、膨化机的工作过程。
3. 能正确说出大豆预处理系统的操作控制要点，并分析其对生产的影响和作用。
4. 能叙述大豆预处理工艺流程，正确识读大豆预处理中控界面，说出主要参数及控制范围。
5. 会对大豆预处理系统主要工艺参数、主要控制项目进行合理调控，合理控制经济指标。
6. 能对大豆预处理系统常见故障进行原因分析和正确处理。

素质目标

1. 严格遵守大豆预处理操作规程完成仿真操作，形成科学严谨、规范操作的工作作风。
2. 合理控制调质塔出料温度、加热器出风温度等参数，以精确控制其蒸汽消耗，培养精益求精的管理意识、能源节约意识。
3. 综合应用大豆预处理生产性故障案例，培养工程思维能力。

LB/T 101—2020《绿色食品 预榨浸出大豆油生产操作规程》

《大豆油生产质量安全技术规范》

任务书

某4000t/d规模浸出大豆油生产线配套大豆预处理DCS仿真系统（图3-1），运行参数进行全过程动态仿真。

大豆预处理工作任务单见表3-1。

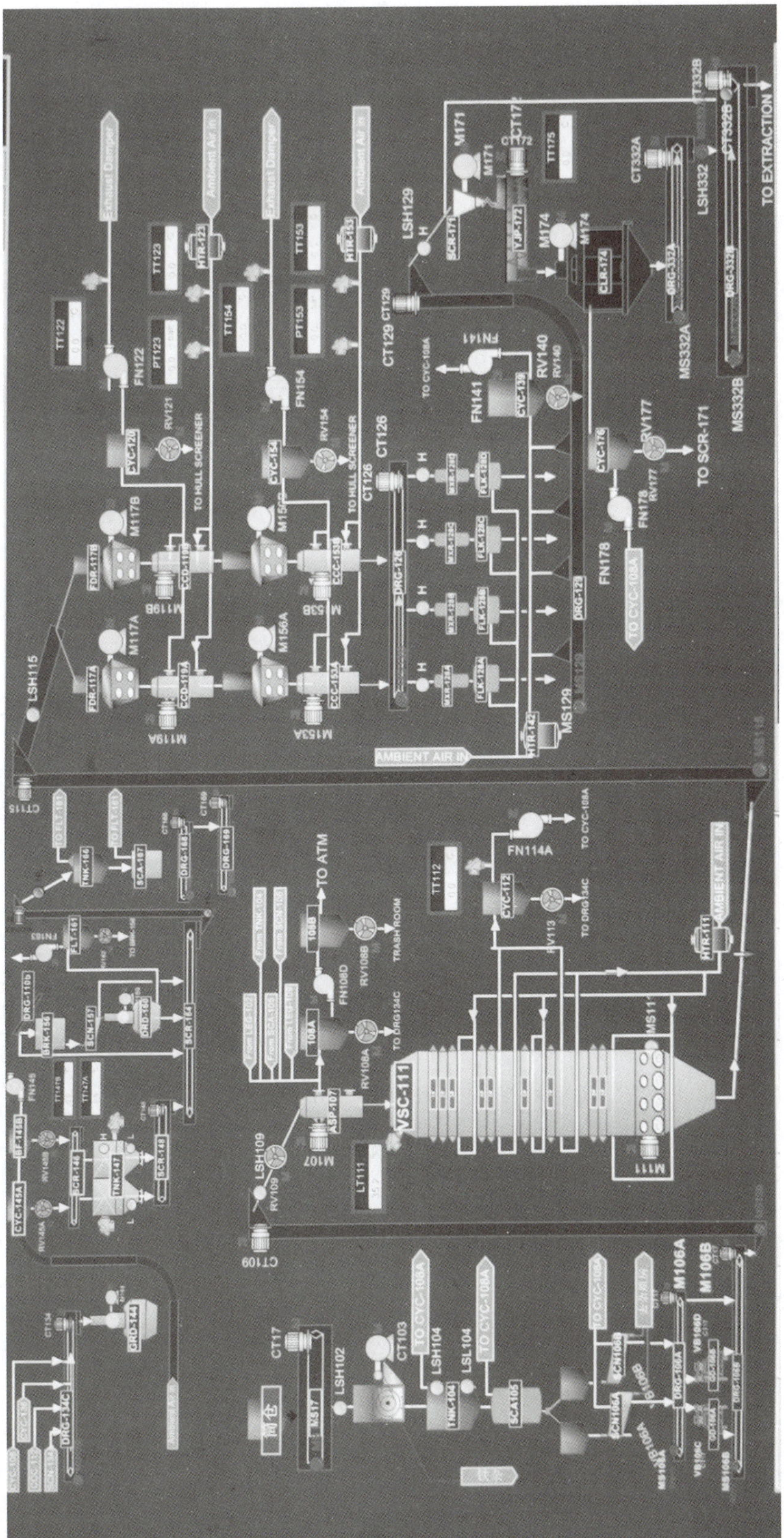

图 3-1 大豆预处理DCS仿真系统

表 3-1　大豆预处理工作任务单

班级		组号		组长		日期		指导老师	
成员									

序号	工作任务	要求	知识链接
1	大豆预处理工艺流程图识读	识读指定的大豆预处理中控界面，标注调质塔、大豆皮仁风选器、膨化机及物料名称，将工艺流程图转化为方框图	大豆油预处理概述
2	大豆预处理核心设备认知	学习调质塔、皮仁风选器、膨化机等设备动画、图片资源，填写设备标识卡	大豆预处理核心设备的结构及工作原理
3	大豆预处理仿真系统操作	仿真平台设置大豆预处理工艺参数，填写操作参数范围	大豆脱皮工艺
4	大豆预处理生产质量控制	依据大豆预处理各工序质量指标，结合企业真实案例分析大豆预处理的生产故障，并寻找解决办法	大豆预处理效果影响因素
工作准备	阅读工作任务书，借阅或上网查阅有关资料，获取调质塔、大豆皮仁风选器、膨化机的结构、工作原理、主要参数等相关知识。其中破碎机、轧坯机在项目二压榨花生油生产中涉及，本任务主要获取调质塔、大豆皮仁风选器、膨化机的工作参数等相关知识。 结合工厂实际生产情况，收集大豆预处理操作控制要点、安全操作规程等资料		

工作实施

子任务一　大豆预处理工艺流程图识读

引导问题 1： 大豆预处理是调节大豆的水分和温度，改变弹塑性，将其破碎成 4~6 瓣同时脱去豆皮，并为__________创造条件。

引导问题 2： 大豆预处理的目的是（　　）。

A. 破坏油籽内部结构，减少油脂的束缚力

B. 减小物料厚度，增加表面积

C. 缩短油路，便于取油

D. 使油籽达到最大的一致性

任务实施

识读大豆预处理中控界面（图 3-1），标注调质塔、大豆皮仁风选器、膨化机及物料名称，将工艺流程图转化为方框图。

知识链接

大豆预处理概述

大豆预处理热脱皮工艺是将净大豆进行调热、调湿处理，经破碎、轧坯得到适宜浸出的大豆熟坯的过程。一般包括大豆的调质、破碎、皮仁分离、轧坯和膨化等主要工序。

大豆预处理工艺微课

调质是通过对水分和温度的调节，使油料塑性增加的工序。其目的是将油料破碎成一定粒度符合轧坯条件，同时帮助大豆脱皮。

破碎是在机械外力作用下将油料粒度变小的工序。可以使油料成一定的粒度以符合轧坯条件，同时帮助大豆脱皮。

皮仁分离是大豆经破碎后成为含有整仁、皮、碎仁、皮屑等的混合物。必须将这些混合物有效地分离。生产上常根据仁、皮等组分的线性大小以及气体动力学性质方面的差别，采用筛选和风选的方法将其分离。

轧坯是利用机械的作用，将油料由粒状轧成片状的工序。该工序利用机械外力破坏油料的细胞组织，并使油料由粒状变成片状，表面积增加，利于提高浸出或压榨时的出油率。

油料生坯经挤压膨化后，其容重增大，多孔性增加，油料细胞组织被彻底破坏，酶类被钝化。

子任务二　大豆预处理核心设备认知

引导问题 1： 随着大豆__________脱皮工艺在预处理中的大量应用，调质塔作为脱皮工艺的关键设备，其操作控制的好坏将直接影响到后续__________效果，最终会影响产品质量。

调质塔的结构图

引导问题 2： 填写调质塔（图 3-2）部件名称。

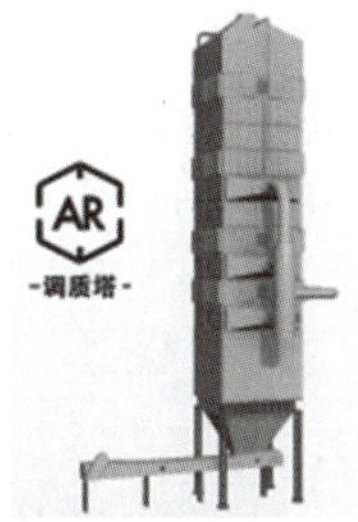

图 3-2　调质塔

大豆调质塔、皮仁分离器工作过程动画演示

引导问题 3：大豆含__________左右的皮，含油量仅__________，而且皮中含有大量纤维素，色素、胶质及蜡质含量也较高。

引导问题 4：填写大豆皮仁风选器（图 3-3）部件名称。

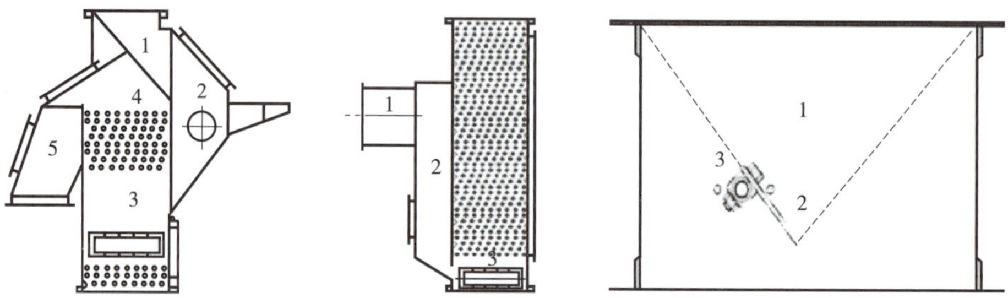

图 3-3　大豆皮仁风选器上中下部结构

引导问题 5：油料挤压膨化设备主要有两种，一种是用于低含油料生坯的膨化机，即______；另一种是用于高含油料生坯的膨化机，即______。

引导问题 6：填写膨化机（图 3-4）部件名称。

膨化机的工作过程动画演示

图 3-4　膨化机

引导问题 7：锥形塞膨化机和模板式膨化机相比较，优势是什么？

任务实施

填写表 3-2 大豆预处理系统核心设备标识卡。

表 3-2　　大豆预处理系统核心设备标识卡

<table>
<tr><td>设备 1</td><td>调质塔</td><td>设备分级</td><td></td><td rowspan="2">颜色状态</td><td rowspan="2"></td></tr>
<tr><td>规格型号</td><td></td><td>生产厂家</td><td></td></tr>
<tr><td colspan="6">设备描述</td></tr>
<tr><td>设备作用</td><td colspan="5"></td></tr>
<tr><td>控制参数</td><td colspan="5"></td></tr>
<tr><td>注意事项</td><td colspan="5"></td></tr>
<tr><td>危险因素</td><td colspan="5"></td></tr>
<tr><td>设备 2</td><td>大豆皮仁风选器</td><td>设备分级</td><td></td><td rowspan="2">颜色状态</td><td rowspan="2"></td></tr>
<tr><td>规格型号</td><td></td><td>生产厂家</td><td></td></tr>
<tr><td colspan="6">设备描述</td></tr>
<tr><td>设备作用</td><td colspan="5"></td></tr>
<tr><td>控制参数</td><td colspan="5"></td></tr>
<tr><td>注意事项</td><td colspan="5"></td></tr>
<tr><td>危险因素</td><td colspan="5"></td></tr>
<tr><td>设备 3</td><td>膨化机</td><td>设备分级</td><td></td><td rowspan="2">颜色状态</td><td rowspan="2"></td></tr>
<tr><td>规格型号</td><td></td><td>生产厂家</td><td></td></tr>
<tr><td colspan="6">设备描述</td></tr>
<tr><td>设备作用</td><td colspan="5"></td></tr>
<tr><td>控制参数</td><td colspan="5"></td></tr>
<tr><td>注意事项</td><td colspan="5"></td></tr>
<tr><td>危险因素</td><td colspan="5"></td></tr>
<tr><td rowspan="2">状态色标</td><td>红</td><td>橙</td><td>黄</td><td colspan="2">绿</td></tr>
<tr><td>重点关注</td><td>次重点关注</td><td>一般关注</td><td colspan="2">轻微关注</td></tr>
</table>

知识链接

大豆预处理核心设备的结构及工作原理

一、调质塔

调质塔是立式塔式结构，最早由瑞士布勒公司发明，用于油料与谷物的调质，在20世纪末引入国内，用于大豆脱皮前的温度与水分调节。大豆干燥调质塔采用热风对流干燥和加热蒸汽传导干燥相结合的方式对大豆进行加热干燥，同时通过对大豆水分和温度的调节进行大豆的软化，以利于后序的大豆脱皮和轧坯。

1. 调质塔的结构

大豆调质微课

干燥调质塔的结构主体为一长方体，主要由进料段、调质段、烘干段、传动出料段等组成。根据产量和原料水分的不同，调质塔采用9~13层不等，每层高度约为1m。在进料段安装有物料均分器和料位计，以保证进入调质塔内物料的均匀分布，以及通过进、出料传动机构的联锁来自动调整料位和实现高料位报警。调质段主要由进气封头、出气封头以及交错排列的不锈钢椭圆列管层组成。烘干段则采用混流干燥塔所用的进、出风角状盒。传动出料段则由4~6组传动出料链轮及旋转阀组成。变频出料装置与进料段高料位计联锁，以便根据产量及大豆原料性质灵活控制出料速度以达到调节产量的目的。塔体外壳敷设隔热保温材料层，每层配备清理孔、视窗以及消防蒸汽管线等。

2. 调质塔的工作过程

经清理除杂后的大豆自顶部进料口进入干燥塔内，在受重力作用逐层向下移动的过程中，在调质段被列管内加热蒸汽间接加热，使其内部水分蒸发至表面，又在烘干段被热风将表面水分带走，同时使大豆温度进一步升高，如此反复几次调质和干燥后的大豆通过底部并排装置的若干个旋转封闭阀排出塔外。塔内料层高度和干燥时间可由底部的旋转封闭阀控制。干燥调质塔的优点是在大豆干燥过程中有缓苏作用，因此兼有大豆软化调质效果，干燥调质后的大豆经过在后序破碎和皮仁分离过程中进一步调整水分和温度，可直接进行轧坯而省略另设的软化工序。但干燥调质塔的去水能力有限，不太适合高水分含量大豆的干燥脱皮工艺。同时干燥调质塔耗汽量较大。

二、大豆皮仁风选器

大豆主要由种皮和子叶（统称仁）所组成，豆皮的主要成分为纤维素，决定了它韧性好且有一定的机械强度；子叶具有较小的弹性和较大的硬度，皮与仁虽有较明显的分界面，但二者有较强的黏结力，不易分离。这就要求皮、仁分离前需加热调质再破碎以弱化二者黏结力，即便如此分离也不彻底。以前采用筛分分离皮和仁，但黏结在皮中微小豆仁没有办法分离掉，会造成经济上极大的损失。大豆皮仁风选器根据上述特点应运而生。

1. 大豆皮仁风选器工作原理

大豆皮仁风选器是利用气流的风选作用和冲击棒（或折流板）的机械作用将豆皮与豆仁分离的一种风选设备。这种风选设备对大豆皮仁的分离效率高，使得分离后的豆仁含皮率及豆皮含仁率都很低，并可在分离操作的同时利用热风调节豆仁的温度和湿度。

2. 大豆皮仁风选器的结构

风选器顶部是一个带有空气出口管的旋转进料器，其中装有可调转动板和叶片式旋转进料器，调整转动板与旋转进料器的间隙可以改变进料量并适应不同粒度的物料，同时起到料封作用。风选器中部是一个内部安装有多排和多列冲击棒（或者是上下多层交错安装的折流板）的箱体，箱体上装有取样孔、观察孔、检修孔以及空气出口管。箱体上的空气进出口管与脱皮工艺中的密闭空气循环系统相连。密闭空气循环系统可以减少向大气中排放的空气量，以便在使用空气加热器的情况下，风选器内能较容易地保持所需要的空气循环温度。风选器的出料口处装有旋转封闭阀或重力门料封装置，其作用是保证风选器中密封式的气流循环系统，防止气流从出料口逸出。

3. 大豆皮仁风选器的工作过程

破碎豆粒通过顶部的旋转进料器进入风选机并被均匀分配在风选机的整个宽度，进入风选器的破碎豆粒在下落过程中与冲击棒（或折流板）和逆流的空气接触，破碎豆粒与冲击棒（或折流板）的撞击作用使其外皮不断地从破碎豆粒或裂开的豆子上脱落下来，从豆粒上脱落的豆皮被逆流的空气吹起并随气流向上运动，向上运动的豆皮又不断地撞击冲击棒（或折流板），从豆皮上分出黏附的碎豆屑。而较重的碎豆粒在逐级下落的过程中，又继续撞击冲击棒（或折流板）释放出更多的豆皮。进入风选器的空气一般是加热后的热空气，这样就可以在破碎豆粒的皮仁风选分离过程中进一步调节豆仁的温度和湿度，起到软化作用以便后序豆仁的轧坯。

三、膨化机

油料在用溶剂浸出前将生坯进行膨化处理是一种理想的生产工艺，由于其在节约设备投资、增加产量、降低能耗等方面的显著成效而得到国内、外制油厂商的广泛认同和采纳。

1. 膨化机的工作原理

实现油料膨化预处理工艺的核心设备是油料挤压膨化机，油料在挤压膨化机缸筒内受到挤压、加热、剪切、揉搓等作用，油籽细胞被彻底破坏，细胞内油脂充分外露，在油料挤压膨化机的模板出口处骤然减压，水蒸气蒸发，从而得到适度膨化的物料。由于膨化作用使得溶剂渗入油籽细胞和油脂从细胞中浸出都更为容易，提高了浸出和脱溶效率。适度膨化还增加了物料容重（与生料坯相比），因而提高了浸出设备的处理能力。由于油料在挤压膨化机内存留时间较短，对保护原料的品质极为有利。因此使用油料挤压膨化机是油脂制取企业提高产量、降低消耗、改善产品品质的重要手段。

2. 膨化机的结构

大豆膨化微课

油料挤压膨化机主机由机架、轴承箱、机筒、螺旋轴、模板、直接蒸汽加入系统等组成。传动系统由 Y 系列电机、小三角带轮、大三角带轮、三角带组成，大三角带轮以其较大的质量产生的惯性起到飞轮的作用。生料坯由螺旋定量喂料器经磁选溜槽喂入膨化机的进料口内。蒸汽通过直接蒸汽节流阀加入膨化机缸筒内。由断齿螺旋组成的主螺旋轴在挤压膨化机缸筒内旋转，对物料产生混合、挤压、加热、剪切、揉搓等作用。物料在高温高压状态下从模板上的模孔或液压环模挤出，压力突然降低，水分急剧蒸发而使物料产生膨化。

液压模头由锥模和环模组成，锥模和环模之间的缝隙为模头缝隙，其大小是可以通过移动锥模来调节，锥模是由液压缸来驱动的。调节模头缝隙目的是根据不同原料和产量的要求，使其与膨化机的产量和压力相匹配。

3. 锥形塞膨化机和模板式膨化机的比较

（1）加装锥形塞膨化机的处理量比同规模模板式膨化机大 50~100t/d。

（2）在模板式膨化机运行非常稳定的生产线上（产量和蒸汽压力都稳定），如果改装锥形塞出料装置，浸出残油可降低 0.1%。

（3）在生产波动较大的工厂，模板式膨化机由于输送物料量或蒸汽压力的波动而需调整压模出口面积以达到更好的膨化效果。这要通过停机（至少 15min）更换压模实现，而可能发生的情况是，操作工会懒得停机更换而将就着使，这会导致膨化效果变差，造成残油、蒸汽和溶耗的增加。而锥形塞膨化机只需要操作液压手柄就可快速达到最好的膨化效果，不需要停机。

（4）锥形塞膨化机液压站上装置显示屏，可以随时观测锥形塞的开启度，系统配置换向阀，锥模处在动态，在进料多或少时，出口锥形塞可自动松开或闭合。

子任务三　大豆预处理仿真系统操作

引导问题 1：大豆预处理仿真系统中重点监控参数有哪些？

____

____

____

引导问题 2：大豆预处理仿真系统中哪些参数是控制参数，哪些参数是调节参数？

____

____

____

任务实施

在大豆预处理仿真系统中设置主要的工艺参数，并在表 3-3 填写主要参数控制范围。

表 3-3　　大豆预处理主要参数控制范围

序号	部位	控制范围	备注

知识链接

大豆脱皮工艺

一、大豆冷脱皮工艺

传统的大豆脱皮工艺是冷脱皮工艺。经初步清理后的大豆，在干燥塔中由热风加热烘干至含水 10%左右，干燥温度为 70~80℃。然后在储仓中停留 24~72h，在环境温度下进入齿辊破碎机，被破碎成 4~6 瓣。破碎大豆首先在第一级分级筛和皮仁吸风分离器中进行分离，分出的含仁豆皮和破碎豆再进入第二级分组筛和皮仁吸风分离器进行二次分离。由两级分离装置分出的整粒大豆重新返回破碎机破碎，豆仁经软化后送至后续工序，豆皮收集后另行加工处理。这种工艺的特点是：经烘干和冷却的豆皮较松脆，易于脱皮，但破碎豆的粉末度大，豆皮中所含碎豆仁不易分离干净，而且脱皮后的冷豆仁还需重新加热软化，使蒸汽消耗增加。

二、大豆热脱皮工艺

热脱皮工艺根据所要求脱皮率的高低，可分为半脱皮和全脱皮工艺两种。半脱皮（又称一次脱皮）工艺的脱皮率一般为 60%~70%，全脱皮（又称两次脱皮）工艺的脱皮率在 90%以上。

大豆脱皮
工艺微课

大豆全脱皮过程中，经清理后的大豆先在干燥塔中缓慢干燥至含水量10%左右，然后再在快速干燥器中使豆皮含水量进一步降低。干燥后的大豆先经第一级齿破碎机破碎至 2 或 3 瓣以及皮仁吸风分离机分离。分离出的豆瓣再经第二级齿轮破碎机破碎至 4~6 瓣以及皮仁吸风分离机分离。两次分离出的豆仁送往轧坯机轧坯，分离出的豆皮再经振动筛及皮仁吸风分离机进一步将皮中的细仁分出。这种脱皮工艺流程长，所用设备多，但由于经第一级破碎后的豆瓣粒度大而整齐且粉末度小，因此豆仁和豆皮很容易分离，脱皮率高并且分离出的豆皮中夹带碎豆仁或仁粉也少，所得豆粕的蛋白质含量为 48%以上。

三、热脱皮工艺的优势

生产优质大豆油，脱皮环节比较关键。脱皮工艺分热脱皮和冷脱皮工艺，这两种方法相比，热脱皮工艺相对较好，我们通过以下六点，可以了解到热脱皮工艺的优势。

（1）连续加工　热脱皮工艺，不需要连续好多天进行缓苏，对于不同水分含量的大豆，都可以直接进行连续式的加工。

（2）降低粉末　这种热法脱皮的过程，是将大豆的干燥脱皮、调质等过程在负压的风网环境中进行，脱皮之后再进行破碎，经过破碎之后的大豆是热的，因而粉末比较少。

（3）节约能耗　热脱皮工艺中采用了热空气循环系统，使大豆干燥，干燥后的破碎、脱皮及皮仁分离等过程都维持在一定的温度下进行，因此经脱皮后的热豆粒可以不再经软化而直接轧坯。这不仅大大节省了软化过程的蒸汽消耗，而且节省了软化设备的投资和能量消耗。

（4）脱皮效率更高　冷法脱皮的工艺，皮和仁的分离是整个破碎物的筛选，而热脱皮方法的皮仁分离，是破裂后的吸出物质，占据产量的10%~15%。

（5）废气排放少　因为热法脱皮的热空气是循环使用的，所以排出去的废气就比较少。

（6）短时高温　短时高温处理有效地减少了油脂的变质和蛋白质的变性。

子任务四　大豆预处理生产质量控制

引导问题：大豆调质工艺效果判断的依据是什么？

任务实施

一、大豆预处理核心设备故障分析

某浸出大豆油生产企业在大豆预处理过程出现如下问题：

故障1：大豆水分含量为10.8%，调质时出现大豆炭化和冒烟现象。请分析可能的原因，并提出相应的处理措施。

原因分析：

处理措施：

故障2：若接料刮板出现大豆碎豆上浮现象，请分析可能的原因，并提出相应的处理措施。

原因分析：

处理措施：

故障3：膨化机开机时必须要快速开启蒸汽阀门，否则易出现膨化效

果下降及闷车现象。请分析膨化机需要质量高的饱和蒸汽的原因。

故障4： 膨化机锥形塞的移动及工作时位置的固定由液压系统控制，液压系统使圆锥体浮动或自动调整并部分补偿挤压机内的压力并把锥体推到更紧密的位置，从而保持工作时榨膛内压力的恒定。请分析调节模头缝隙不合理，会产生的哪些异常现象。

故障5： 调节锥形塞和蒸汽压力时注意观察电流表电流变化，调试每台膨化机达到最佳膨化效果后，要在电流表上标定出来。请分析这样做的意义是什么，否则会产生什么样的异常现象。

知识链接

大豆预处理效果影响因素

以脱皮、膨化工艺为特点的大豆预处理系统核心工序主要有调质、皮仁分离、破碎、轧坯、膨化等，破碎、轧坯的影响因素已在项目二中学习，下面主要探讨大豆热脱皮、膨化的影响因素。

一、影响大豆热脱皮的因素

1. 热风温度

如加热温度过低，大豆含水分过高，豆皮与豆仁的附着力较强，破碎时皮仁不易分开；温度过高，由于热风循环使用，热空气中夹带微量的粉末，有堆积危险。经流化床干燥器，热风温度在120℃，出料温度在75~85℃。要对热风经过的位置如空气加热器、风管、除尘器在停产时监测并吹扫2h，防止粉尘沉积自燃。

2. 大豆皮仁风选器的吸风量

如果大豆皮仁风选器的吸风量过大，少量碎豆被吸出，加重豆皮筛选工序的负荷，还会造成碎豆进入豆皮系统使豆皮中含油过高；如吸风量过小，大颗粒豆皮不能被吸出。

3. 皮仁分离筛网规格

皮仁分离筛的上层筛网为10目，下层筛网为14目。豆粕的筛网规格在4.0~5.5mm。生产不同蛋白含量的大豆和豆粕时应对筛网规格进行调整。热脱皮工艺生产的皮中含油率不小于1.5%，若要降低皮中含油率，则豆粕中蛋白含量又会下降。生产蛋白含量在46%~47%的豆粕时，皮中含油易大于1.5%；若生产47%以上蛋白含量的豆粕，皮中含油易小于1.5%，这时应特别注意皮仁分离。

二、影响大豆膨化的因素

膨化料的直径应为模孔直径的1.2~1.4倍；膨化料在刚出模孔时表面有油渗出，但很快又被吸回；膨化料应有一定的韧性，并且疏松，表面多裂纹；膨化料用手掰开时端面应松散，无明显白色粘连情况。

1. 直接因素

（1）喂料　为了使油料挤压膨化机保持最佳工作状态，喂料应均匀，喂入物料的成分、料坯厚度、含水量及温度等都应较均匀。

（2）蒸汽　蒸汽通过直接蒸汽喷射系统直接注入油料挤压膨化机的机筒内。蒸汽的压力和温度应非常稳定。在油料挤压膨化机入口处通常应为0.6~0.8MPa，蒸汽的压力太低将会影响膨化效果。加入蒸汽时要避免水被带入膨化机内，造成膨化料水分增加，影响膨化效果，因而加入蒸汽前要先排净分汽缸内的水。启动阶段，蒸汽加入量应稍大。然后再调节产量和蒸汽量，使产量达到要求并且膨化效果最佳，同时还要保持电机负荷达到合理运行。

2. 间接因素

（1）功率　主驱动电机的功率消耗取决于螺旋轴推动物料通过油料挤压膨化机所做的功。下列因素可造成电机负荷加大：增加喂料量；使用模板的模孔数量少或模孔尺寸小或液压模头间隙太小；蒸汽加入量太小，机筒内物料太干。

（2）温度　物料通过与螺旋轴和缸筒的摩擦和喷入的蒸汽中获得蒸煮所需的热量。下列因素可引起温度的增加：降低坯含水量，从而增加了摩擦力，可引起温度的增加；减少模板的模孔数量、缩小模板的模孔尺寸或减小液压模头间隙，也可使温度增加；加大蒸汽喷入量，也可使温度增加。

二、中控系统异常现象案例分析

故障1： 调质塔软化温度持续不上升，请指出中控室参数变化情况，分析可能的原因，并提出相应的处理措施。

原因分析：

处理措施：

故障 2：膨化机喷料，请指出中控室参数变化情况，分析可能的原因，并提出相应的处理措施。

原因分析：

处理措施：

故障 3：膨化机皮带打滑，请指出中控室参数变化情况，分析可能的原因，并提出相应的处理措施。

原因分析：

处理措施：

故障 4：膨化机断电过载，请指出中控室参数的变化情况，分析可能的原因，并提出相应的处理措施。

原因分析：

____

____

____

处理措施：

____

____

____

任务评价

大豆预处理学习任务评价表见表 3-4。

表 3-4　　大豆预处理学习任务评价表

班级：　　　　姓名：　　　　学号：

评价项目		评价标准	分值	评价			综合得分
				自评	互评	师评	
职业素养 15%	日常考勤	学习态度端正，无无故缺勤、迟到、早退现象	5				
	工作规范	严格遵守操作规程，精益求精、安全生产	5				
	团队合作	团队协作，分工明确，沟通良好	3				
	车间整理	工具、设备及时归位；保证车间清洁	2				
专业能力 65%	子任务一 大豆预处理工艺流程图识读	将大豆预处理工艺流程图转化为相应的方框图	10				
		准确指出大豆预处理涉及的主要设备	5				
	子任务二 大豆预处理核心设备认知	正确填写调质塔设备标识卡	5				
		正确填写大豆皮仁风选器设备标识卡	5				
		正确填写膨化机设备标识卡	5				
	子任务三 大豆预处理仿真系统操作	利用大豆预处理仿真系统准确设置相关参数	10				
		正确填写大豆预处理工艺相关参数的控制范围	10				

续表

<table>
<tr><th colspan="2" rowspan="2">评价项目</th><th rowspan="2">评价标准</th><th rowspan="2">分值</th><th colspan="3">评价</th><th rowspan="2">综合得分</th></tr>
<tr><th>自评</th><th>互评</th><th>师评</th></tr>
<tr><td rowspan="3">专业能力65%</td><td rowspan="3">子任务四
大豆预处理
生产质量控制</td><td>准确写出大豆预处理工艺效果的评价指标</td><td>5</td><td></td><td></td><td></td><td></td></tr>
<tr><td>分析大豆预处理常见的生产性故障，并给出正确的处理方案</td><td>5</td><td></td><td></td><td></td><td></td></tr>
<tr><td>结合企业实际案例正确完成中控系统异常现象判断与处理</td><td>5</td><td></td><td></td><td></td><td></td></tr>
<tr><td rowspan="3">任务成果20%</td><td>工作完整</td><td>能按时、按量完成任务</td><td>5</td><td></td><td></td><td></td><td></td></tr>
<tr><td>规范填写</td><td>能正确填写引导问题</td><td>5</td><td></td><td></td><td></td><td></td></tr>
<tr><td>成果展示</td><td>能准确表达、汇报工作成果</td><td>10</td><td></td><td></td><td></td><td></td></tr>
<tr><td colspan="3">合计</td><td>100</td><td></td><td></td><td></td><td></td></tr>
</table>

课后作业

某工厂生产脱皮豆粕增加了投资，多耗电能，加工成本有所增加，但高蛋白豆粕可提高售价为 70.81 元/t。具体计算过程如下：新增装机容量为 191.8kW，如电价为 0.75 元/(kW·h)，则每小时多支出电费 143.85 元，每吨豆粕费用增加 7.19 元。脱皮豆粕质量减少 6%，即 3200 元/t×6% =192 元。增加豆皮粉 6%，即 1500 元/t×6%=90 元。豆粕每增加 1%蛋白，可多卖 30 元/t，则 30×6%=180 元/t。所以，180+90−7.19−192=70.81（元/t）。

分析上述企业案例，根据某企业的脱皮工艺成本核算数据，分析大豆脱皮的经济效益体现在哪些方面？

任务二

大豆油浸出

情境描述

浸出法制油是目前世界上普遍采用的一种先进的制油方法。主要是利用选定的溶剂溶解油脂，把经过处理的油料浸在溶剂中使油脂溶解于溶剂而组成一种溶液（混合油），然后和油料中的固体残渣（粕）分离。所得混合油中油脂和溶剂的挥发性差异甚大，且溶剂的沸点较低，利用此特性可进行蒸发、汽提，使溶剂气化与油脂分离。溶剂蒸气经冷凝回收后可以继续循环使用，制得的油脂称为浸出原油。按照大豆油浸出生产操作规程，完成大豆油浸出系统操作控制，并根据大豆浸出系统参数变化，及时判断并处理常见故障。

本学习任务分解成 4 个子任务，分别为大豆油浸出工艺流程图识读、大豆油浸出核心设备认知、大豆油浸出仿真系统操作、大豆油浸出生产质量控制。

学习目标

知识目标

1. 掌握大豆油浸出系统工艺流程。
2. 掌握油脂浸出的基本原理。
3. 掌握大豆油浸出系统各工序方法及要求（质量标准）。
4. 熟悉大豆油浸出系统各工序核心设备及结构。
5. 掌握大豆油浸出系统各工序的影响因素。

能力目标

1. 能指出平转浸出器、环形浸出器各部位的结构及其功能。
2. 能叙述平转浸出器、环形浸出器的工作过程。
3. 能正确说出浸出器的操作控制要点，并分析其对生产的影响和作用。
4. 能叙述大豆油浸出工艺流程，会识读大豆油浸出中控界面。
5. 会对大豆油浸出系统主要控制项目及主要工艺参数进行合理调控。
6. 能对大豆油浸出常见故障进行原因分析和正确处理。

素质目标

1. 学习《浸出油厂安全操作规范》，树立劳动安全意识、筑牢安全防线、守护生命健康。
2. 精准控制浸出溶剂比、混合油浓度等参数提升生产效能，养成精益管理意识。

任务书

某 4000t/d 规模浸出大豆油生产线大豆油浸出 DCS 仿真系统（图 3-5），运行参数进行全过程动态仿真。

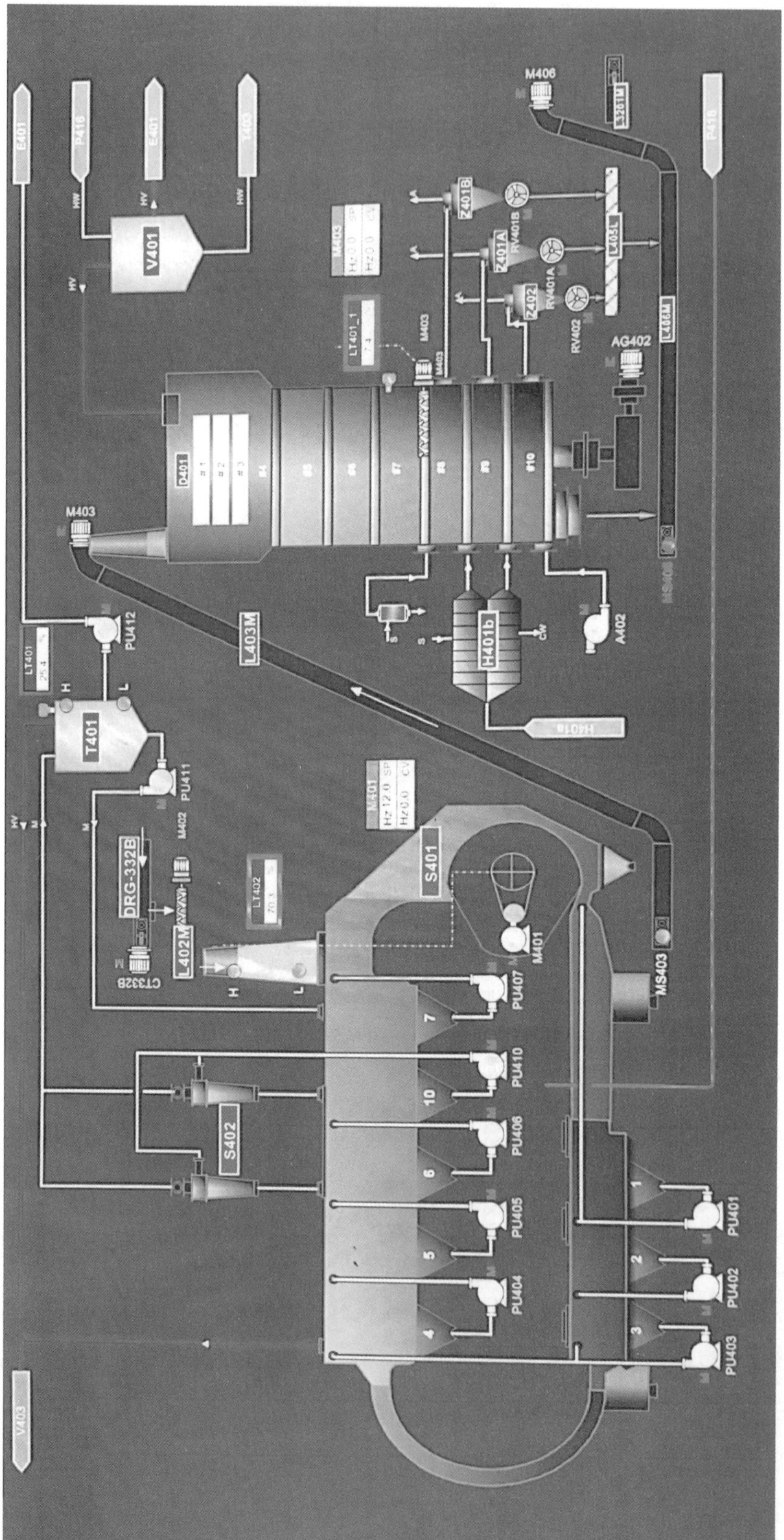

图 3-5　大豆油浸出DCS仿真系统

大豆油浸出工作任务单见表 3-5。

表 3-5　　大豆油浸出工作任务单

班级		组号		组长		日期		指导老师	
成员									

序号	工作任务	要求	知识链接
1	大豆油浸出工艺流程图识读	识读指定的大豆油浸出中控界面，标注浸出器及物料名称，将工艺流程图转化为方框图	油脂浸出的基本原理
2	大豆油浸出核心设备认知	学习浸出器设备动画、图片资源，填写设备标识卡	浸出器的工作结构及原理
3	大豆油浸出仿真系统操作	仿真平台设置大豆油浸出工艺参数，填写操作参数范围	大豆油浸出的中控操作
4	大豆油浸出生产质量控制	依据大豆油浸出各工序质量指标，结合企业真实案例分析大豆油浸出的生产故障，并寻找解决办法	影响大豆油浸出的因素
工作准备	阅读工作任务书，借阅或上网查阅有关的资料，系统获取大豆油浸出系统工艺流程、操作控制要点等相关知识。 收集 GB 1886. 258—2016《食品安全国家标准　食品添加剂　正己烷》、GB 50016—2014《建筑设计防火规范》和 GB 50084—2017《自动喷水灭火系统设计规范》有关溶剂的特性、安全注意事项等资料。 结合大豆浸出油厂实际生产情况，收集大豆油浸出系统操作控制要点、安全操作规程等资料		

工作实施

子任务一　大豆油浸出工艺流程图识读

引导问题 1： 浸出法取油是应用__________的原理，选用某种能够溶解油脂的有机溶剂，经过对油料的__________作用，使油料中的油脂被萃取出来的取油方法。

引导问题 2： 浸出溶剂主要化学组分是__________。其沸点为 66～69℃。主要特性是__________，容易回收；易燃烧；易爆炸；蒸气有毒；蒸气密度比空气的大。

任务实施

识读大豆油浸出中控界面（图 3-5），标注浸出器及物料名称，将工艺流程图转化为方框图。

知识链接

大豆油浸出工艺微课

油脂浸出的基本原理

大豆油浸出的本质是固–液萃取，习惯上人们把固–液萃取称为浸出。

在油脂浸出过程中，固体料坯浸于溶剂中，料坯中的油脂溶于溶剂，这一过程是油脂从固相转移到液相的浸出过程，包括分子扩散和对流扩散两种形式。

当料坯与溶剂接触后，油脂分子以无秩序的热运动方式从料坯中渗透出来并扩散到溶剂中去，相应地，溶剂分子也不断地渗透到油料中去与油脂分子相溶合。这样，就在料坯内部和溶剂里都形成了溶液（即混合油）。开始时，料坯内部和外部这两部分混合油中的油脂浓度相差很大，逐渐地油脂分子从浓度较大的区域向浓度较小的区域进行扩散，最后两部分浓度趋于平衡。对于油脂浸出而言，为了取得好的浸出效果，需要增大料坯与溶剂的接触面积（如油料轧坯、榨饼破碎都增大了接触面积），提高浸出器喷管间混合油的浓度差以及保证足够的浸出时间等。

浸出过程是分子扩散和对流扩散的结合过程。油脂浸出过程在微观上可分为三步：首先是油脂分子从料坯内部到层流边界层的分子扩散；接着为油脂分子通过层流边界层的分子扩散；最后是油脂从层流边界层移动到混合油主流中的对流扩散。需要指出的是，分子扩散时物质的转移是依靠分子热运动的动能来推动的，因而提高温度即可提高分子扩散速率，而对流扩散主要依靠外加的能量，使混合油主流呈湍流状态。因此，利用液位差或泵所造成的压力来提高混合油和料坯的相对运动速度，即可提高对流扩散速率。

子任务二　大豆油浸出核心设备认知

引导问题 1： 根据浸出物料和混合油流动的原理图（图 3–6），大豆油浸出采用的是（　　）洗涤的原理。

A. 顺流　　　　B. 逆流

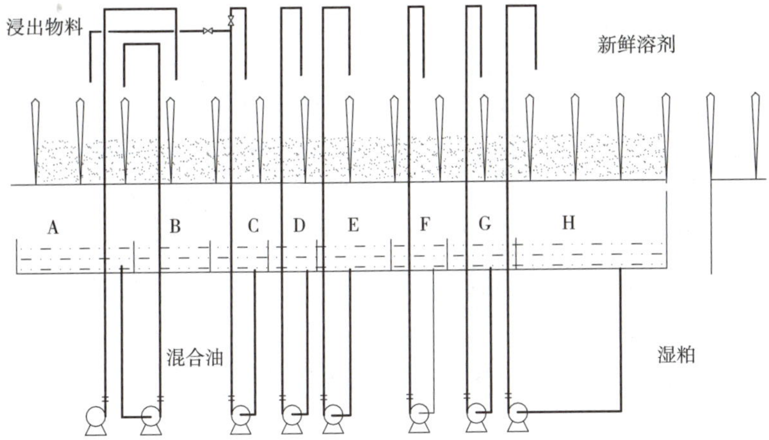

图 3-6　浸出物料和混合油流动的原理图

A~H：不同的集油格

引导问题 2： 填写平转浸出器（图 3-7）部件名称。

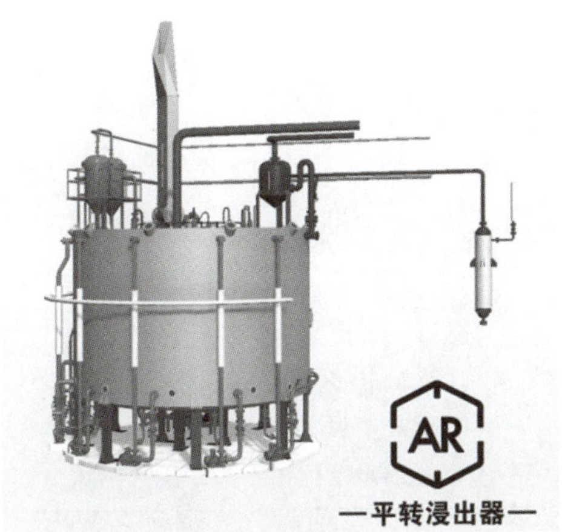

图 3-7　平转浸出器

平转浸出器
动画演示

____

____

____

引导问题 3： 环形浸出器主要有环Ⅰ型和环Ⅲ型两种。这两种的主要结构和工作部件基本相同，区别在于（　　）。

A. 物料在两种浸出器中的流向不同　　　B. 出粕口位置不同

C. 物料的预处理条件不同

引导问题 4： 填写环形浸出器（图 3-8）部件名称。

环形浸出器
动画演示

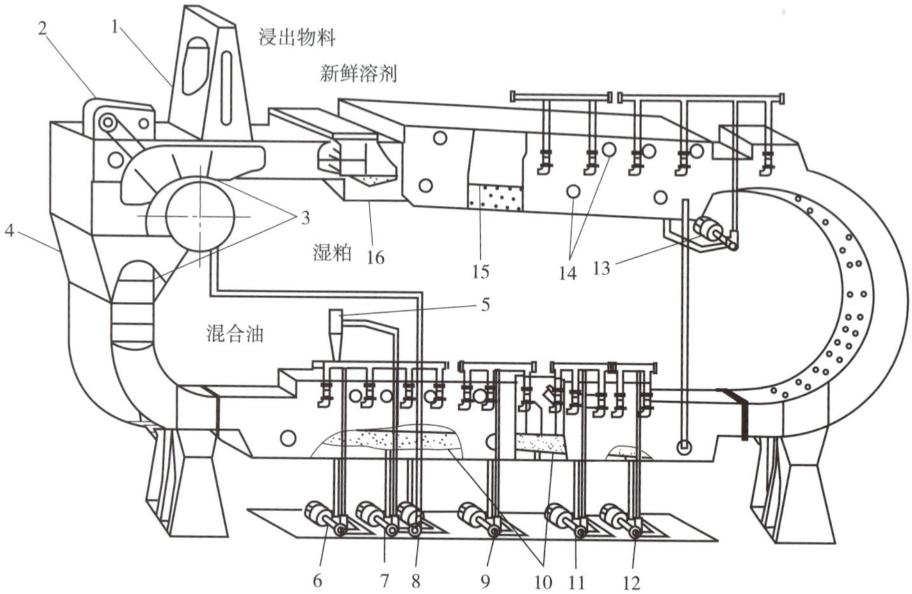

图 3-8　环形浸出器

任务实施

填写表 3-6 两种浸出器的设备标识卡。

表 3-6　两种浸出器的设备标识卡

<table>
<tr><td>设备 1</td><td>平转浸出器</td><td>设备分级</td><td></td><td rowspan="2">颜色状态</td><td rowspan="2"></td></tr>
<tr><td>规格型号</td><td></td><td>生产厂家</td><td></td></tr>
<tr><td colspan="6">设备描述</td></tr>
<tr><td>设备作用</td><td colspan="5"></td></tr>
<tr><td>控制参数</td><td colspan="5"></td></tr>
<tr><td>注意事项</td><td colspan="5"></td></tr>
<tr><td>危险因素</td><td colspan="5"></td></tr>
<tr><td>设备 2</td><td>环形浸出器</td><td>设备分级</td><td></td><td rowspan="2">颜色状态</td><td rowspan="2"></td></tr>
<tr><td>规格型号</td><td></td><td>生产厂家</td><td></td></tr>
</table>

续表

设备描述				
设备作用				
控制参数				
注意事项				
危险因素				
状态色标	红	橙	黄	绿
	重点关注	次重点关注	一般关注	轻微关注

知识链接

浸出器的工作结构及原理

一、平转浸出器的结构及工作原理

平转浸出器由进料部分、浸出器部分和出粕部分组成。

1. 进料部分

（1）存料斗　存料斗（存料箱）是一个长方体或圆柱体的容器，壳体上装有视镜以观察其中的料位。存料箱的作用是存料和料封。可利用一定高度料层的封闭作用防止浸出器中的溶剂气体通过输送设备逸向预处理车间。要求存料箱的容积为 1.5 倍浸出格，存料高度不小于 1.4m。当存料箱中料位低于 500mm 时应停止向浸出器进料。

大豆油浸出
设备微课

（2）料封螺旋输送机（即封闭绞龙）　圆筒壳体的出料端筒体端面为斜面，与斜面的截面形状一致的盖板（又称重力门）用铰链装在出料端筒体上。在螺旋轴的出料端一般有 1~1.2 倍螺距长度没有螺旋叶片，物料在此的推进速度减慢，筒体中物料充满系数增大，当物料将出料端的盖板顶起时，物料方可落入浸出器中。当筒体中的料量较少时，重力门由于自身重量紧贴在筒体出料口上，停止向浸出器进料。其作用是保证向浸出器的均匀供料并起到料封作用。为避免料坯落入浸出格中形成自动分级现象，可以在浸出器的进料管中喷入混合油，使混合油与料坯混合后一起落入浸出格。

（3）封闭阀及闸板　为确保封闭作用，有时也在存料斗之后采用封闭阀或锥形封闭阀下料器向浸出器进料。改变锥形阀芯的转速，既可改变向浸出器中的进料量，也可调节存料斗中的料位高度。其既保证了向浸出器料格中均匀供料，又起到料封作用。可在浸出器进料埋刮板输送机的出料溜管上装置闸板。在开、停车时，关闭闸板，即使在存料斗中没有存料的情况下也可有效防止浸出器中的溶剂气体逸向预处理车间。

2. 浸出部分

浸出部分由浸出格、环形栅板、混合油油斗、混合油循环喷淋装置、传动装置组成。

（1）浸出格　平转浸出器的壳体为一圆柱体形的密闭外壳。在密闭的壳体内有上下两部分。其上部是一个转动体即转子，转动体是由内外两个同心圆环组成的环形体，将其用径向隔板等分成若干小格（格子的数量常为 18，20 和 22 个），这些小格即为浸出格。

（2）环形栅板　在固定栅板平转浸出器的转子的下方有一固定的环形栅板底，栅板底由许多根不锈钢栅板条组成，栅板条的截面为上大下小的梯形，栅板条之间所形成缝隙的截面是向下扩大的梯形，缝隙上宽为 0. 8mm，下宽为 1. 5mm。转子下边缘至固定栅板上表面的间距为 3～5mm。环形栅板底在出粕斗处开有扇形缺口，浸出后的湿粕通过它从浸出格中落入出粕斗。在这个缺口之后是一段没有缝隙的实板，卸粕后的浸出格转过这一段后，在进料斗处再装新料。

（3）混合油油斗　在浸出器壳体内的下部有若干个混合油收集斗和一个出粕斗。混合油收集斗的底板向浸出器外壁方向倾斜约 12°，以便于排净其中的混合油并避免混合油中的粕末在其底部的沉积。收集斗外壳的下方装有混合油出口管与混合油循环泵相连。混合油收集格的隔板（或隔板上溢流口）高度自浸出器出粕端向进料端方向依次降低 12mm 左右，以保证收集格中的混合油能够按照一定的方向溢流。

（4）混合油循环喷淋装置　混合油喷淋管有多种形式，有的是在钢管下方开有许多不同大小的圆孔；有的在钢管下方开成一条梯形的长孔；有的则将液体喷入一个槽内，从槽边沿的锯齿形缺口溢流至料层等。无论什么样的结构形式，总的要求是喷出的混合油或新鲜溶剂，在浸出格上方的径向成一直线，使浸出格中所有料面都能被混合油喷淋，且流量应该是靠近转子外圈的量大，向内圈方向逐渐减少，以使油料得到充分和均匀地浸出。

混合油循环喷淋管的位置分布及它们和油斗之间的相对位置，是由料格的数量和不同料坯的渗透速度决定的，喷管与喷管之间的间距应大于等于 2 倍的料格宽度。而喷管与油斗之间的相对位置与混合油渗透时间有关。这样，才能使不同浓度的混合油不互相掺混，保持一定的浓度梯度，最终得到高浓度混合油。此外，在混合油循环过程中，应保持料层上有 30～50mm 的溶剂或混合油层，以使整个浸出是在喷淋浸泡—滴干—喷淋浸泡—滴干的过程中完成。

新鲜溶剂的喷淋方式有连续喷淋和间歇大喷淋两种方式。连续喷淋是把按一定溶剂比供给的新鲜溶剂用小喷淋量连续喷入料格的方式。间歇大喷淋是将定量的溶剂以一次大喷淋的方式喷入料格。由于喷淋量的加大，喷淋速度大于料层中的渗透速度，使得料层上形成较高的溶剂层，对料层有很好的冲洗作用。另外，由于提前结束了喷淋，增加了最后的沥干时间，降低了湿粕中的含溶量，从而也减少了粕残油。

3. 出粕部分

固定栅板平转浸出器的出粕比较简单，即环形栅板底在出粕斗处开有扇形缺口，浸出格中的湿粕在此缺口处靠自身重力作用落入出粕斗。

将湿粕送入湿粕蒸脱机的埋刮板输送机，其进料口的横截面宽度一般较小，湿粕自出粕斗落入埋刮板输送机时容易发生“搭桥”现象，为避免出粕斗中“搭桥”现象的发生，有时在出粕斗下装置两条螺旋输送机进行双绞龙出粕或者圆筒卸料器。在圆筒卸料器中，湿粕在搅拌翅的作用下被均匀地拨落到湿粕埋刮板输送机中。

二、环形浸出器结构及工作原理

目前浸出油厂采用的环形浸出器主要有环Ⅰ型和环Ⅲ型两种。这两种环形浸出器的主要结构和工作部件基本相同，区别在于物料在两种浸出器中的流向不同，出粕口位置不同。环形浸出器主要由进料斗、壳体、刮板拖链、喷淋装置、固定栅板、混合油收集斗、出粕口和传动装置组成。进料斗为一个上小下大的方形筒体，高度较高，装有料位检测装置，料位自动控制装置可以控制进料封闭绞龙或浸出器拖链速度，使进料斗中的料层始终保持料封所需要的高度。

1. 环形浸出器的结构

整个壳体外形似环状。环形浸出器（Ⅰ型）的壳体由进料段、下弯曲段、下水平段、上弯曲段、上水平段五部分组成。环形浸出器（Ⅲ型）的壳体由上水平段、下弯曲段、下水平段、滴干段、上弯曲段五部分组成。各段壳体均采用法兰连接。在上水平段和下水平段壳体内各有一水平固定栅板将其分为上、下两部分，栅板上承托刮板拖链和浸出物料，栅板下是若干个混合油收集斗。固定栅板条的截面为上大下小的梯形，栅板条之间所形成缝隙的截面是向下扩大的梯形，根据入浸物料粉末度大小缝隙上宽可取0.7~1.2mm。

拖链由刮板和双排链条用销轴连接而成，由长孔网板或有孔筋板组成的框架推料刮板按照一定间距固接在链条上，即形成类似于刮板输送机的拖链输送带。拖链输送带通过壳体内的链轮及壳体外的链轮、减速器、电动机等装置在壳体内运转。

在环Ⅰ型的上弯曲段和环Ⅲ型的下弯曲段，是刮板拖链运行中的紧边，为减小其运行阻力，应在此段取较大的曲率半径，但在拖链总长度一定的情况下，增大此段的曲率半径，也就意味着水平段的缩短，而水平段是环形浸出器的主要工作段，因此其曲率半径受到拖链总长度的限制。为减少刮板拖链对弯曲段壳体的磨损，一般在弯曲段壳体的内壁装置耐磨衬板。滴干段壳体一般都有5°左右的倾斜，湿粕在此受到刮板拖链倾斜向上移动产生的挤压作用及自身挤压作用，可使湿粕含溶量降低。混合油喷淋装置由进液管和喷淋槽构成，喷淋槽是单边齿板式，使喷淋均匀。

环形浸出器（Ⅰ型）在出粕处设置有一个拖链振动装置，刮板拖链在此受到的振动作用可以帮助发黏的粕顺利与刮板脱离而卸粕。改进后的环形浸出器（Ⅲ型）采用下行段卸料，在卸料处刮板拖链的扩张形式更容易湿粕的卸出，不需在卸粕处设置振动装置。

2. 环形浸出器的工作原理和工作过程

浸出物料通过安装有料位控制器的进料斗，连续进入浸出器内的拖链刮板之间，并被拖链刮板带动向前移动。浸出物料在移动过程中依次受到上方喷淋管喷下的浓度渐稀的混合油的喷淋浸泡以及新鲜溶剂的喷淋冲洗，其中油脂被萃取，再经最后滴干段滴干后至出粕斗处落下，由湿粕埋刮板输送机送往湿粕蒸脱机。新鲜溶剂喷至浸出器中的料层上，在渗透过料层时将物料中的油脂溶解，之后滴落入对应的混合油收集斗，由对应的混合油循环泵抽出，以与浸出物料逆流移动的流向再喷向料层对料层进行浸出取油，以此多次对料层进行喷淋浸出，直至达到较高的混合油浓度。浓混合油自第二个混合油收集斗抽出，经旋液分离器除去粕末后，被送往混合油蒸发工序。

子任务三　大豆油浸出仿真系统操作

引导问题 1：影响油脂浸出效果的因素包括__________和__________两个方面。在生产实践中，把握调整好这些因素之间的关系，就能提高浸出生产效率，缩短浸出时间，降低粕中残油率。

引导问题 2：大豆油浸出仿真系统中哪些参数是控制参数，哪些参数是调节参数？

____

____

____

任务实施

在大豆油浸出仿真系统中设置主要的工艺参数，并在表 3-7 填写主要参数控制范围。

表 3-7　　大豆油浸出主要参数控制范围

序号	部位	控制范围	备注

知识链接

大豆油浸出的中控操作

油脂浸出是以食品工业用己烷为溶剂，从经过适当预处理的油料中溶解油脂的过程。浸出器是整个车间最重要的主体设备，它的性能不仅关系到原油的得率，还关系到整个车间的蒸气消耗和操作稳定。

刮板输送机将预处理工段的坯片或膨化料通过螺旋喂料器送入连续式浸出器的喂料斗，它位于浸出器靠近传动端的顶部。喂料斗内的料位由安装在其顶端的料位控制系统控制以保持恒定，料位控制系统由传感器及相应的连锁程序组成，料位传感器与浸出器的运行速度形成连锁，使料层的高度保持一定的水平。

北方严寒季节加工时，需注意坯片的保温和表面水分的去除；新鲜的膨化料温度较高，应将料温降至 55～65℃ 后进入浸出器，以避免溶剂气化。

环形浸出器的载料系统由刮板链条和固定栅板组成，栅板上的饼或坯片被混合油（油与溶剂的混合物）浸泡和冲洗，随着刮板和链条的运动，饼或坯片在栅板上的位置缓慢地变化着，其中的含油量也越来越少，大量的油被溶剂溶解，在靠近浸出器出口的栅板上，大豆坯片中几乎不含油脂时，这时再用新鲜溶剂喷淋。也就是说物料运行的方向和混合油浓度增加的方向是相反的，形成逆流操作。

浸出器的溶剂循环泵都有足够大的流量，它们分别用不同浓度的混合油喷淋固定栅板上的物料，使混合油不断地循环，以达到扩散和渗透的双重浸出目的。料层上一般可见薄的溶剂层。

在浸出器的不同混合油斗中，混合油的浓度各不相同。我们将浓度最高的混合油称为全混合油，其余混合油斗中的浓度则用几分之几的全混合油浓度表示。从浸出器上层进料斗开始，浓度的分布依次为9/8，1，3/4，1/2，3/8，1/4，1/8，1/12等，全混合油的浓度为24%~28%。

为了减少最后混合油中的粕末含量，全混合油被泵从第十格集油斗泵入旋液分离器，混合油中的固体颗粒从旋液分离器中分离出来，含固体杂质的底流直接返回到浸出器的料床上，从除尘器上部出口流出的澄清的混合油再进入混合油中间罐，泵再将混合油从中间罐打入第一蒸发器。净化后的混合油含杂量可小于0.2%。最终进入到第一蒸发器的全混合油流量则由安装在喂料泵出口管线传感及器流量调节阀自动控制。混合油中间罐底部粕末由回渣泵打回浸出器。

新鲜溶剂的喷淋量可由流量计现场显示和远传显示，并可由流量调节阀自动控制。

环形浸出器基本上采用本层控制本层的循环模式，约有1/3的循环泵流量进入下一浓度更高的油斗，除上下层尾部油斗之间按上段所述方式自动平衡外，其余油斗之间的液位平衡通过溢流实现。

子任务四　大豆油浸出生产质量控制

引导问题1：浸出系统操作要求进料量均匀并有效的起到__________料封作用，以保证浸出器的操作稳定并防止浸出器内溶剂气体从进料口逸出或逸向__________预处理车间。

引导问题2：高料层烘干机蒸气倒流，工厂俗称回汽。需要防止回汽，避免浸出器发生__________故障。

任务实施

一、浸出器生产故障分析

故障1：平转浸出器内压力突升。

在浸出车间的生产过程中，平转浸出器通常应保持-5mbar的微负压，在操作中浸出器内的压力突然升高产生正压使得浸出器内的溶剂气体外逸及进入存料箱等，不仅会使溶剂损耗增加，而且危害安全生产，尤其是较长时间的正压危害更大。

分析原因：溶剂加热器的加热温度高于溶剂沸点时使溶剂汽化，进入浸出器后，溶剂蒸气迅速膨胀导致浸出器内压力突然升高。

处理措施：

____

____

____

分析原因：由于电机或水泵故障，造成冷凝器突然断水，也会导致浸出器内的压力突然升高。

处理措施：

____

____

____

故障 2：浸出器卸粕困难。

平转浸出器的浸出格中湿粕出现搭桥现象，浸出器出粕时，由于浸出格下的假底没有打开或假底打开但浸出格中的湿粕落不下来，造成出粕故障。

浸出器的常见故障及处理方法

分析原因：入浸物料的含水量高，或溶剂中含水，使料粕中蛋白质、淀粉等吸水膨胀造成浸出粕的发黏，在出粕斗处不易落下。

处理措施：

____

____

____

二、中控系统异常现象案例分析

故障 1：湿粕含溶高，请指出中控室参数变化情况，分析可能的原因，并提出相应的处理措施。

原因分析：

____

____

____

处理措施：

____

____

____

故障 2：粕中残油偏高，请指出中控室参数变化情况，分析可能的原因，并提出相应的处理措施。

原因分析：

____

____

____

处理措施：

故障 3：混合油浓度偏低，请指出中控室参数变化情况，分析可能的原因，并提出相应的处理措施。

原因分析：

处理措施：

知识链接

浸出工序的工艺测试及分析

大豆油浸出的影响因素微课

影响大豆油浸出的因素

影响油脂浸出效果的因素包括入浸料坯性质和浸出操作工艺两个方面。这两方面的若干具体影响因素又相互关联。在生产实践中，把握调整好这些因素之间的关系，就能提高浸出生产效率，缩短浸出时间，降低粕中残油率。

一、入浸料坯性质

（1）料坯内部结构　入浸料坯的细胞组织受到最大程度的破坏，减小扩散的阻力，提高浸出的速率。

（2）料坯外部结构　一是料坯的粒度必须适当地减小，以缩短扩散路程；二是料坯的渗透性好，以利于溶剂均匀地喷淋并渗透全部料坯颗粒；三是料坯对溶剂或混合油的吸收能力小，可降低粕中残油率。

（3）料坯的可塑性　入浸料坯的可塑性应低些，才不致因料层的压力或外部的机械作用，以致严重时使物料出现搭桥现象，导致湿粕到落粕口处仍不落料。

（4）料坯的水分　入浸料坯的水分含量要适宜，偏低些为好。若水分含量过高，会影响溶剂对油脂的溶解和对料坯的渗透，并使料坯或榨饼膨胀、结块、搭桥（浸出后湿粕不落料），影响浸出效果；若水分含量过低，会影响料坯自身的结构强度，使粉末增加，同样不利于浸出。

二、进料要求

大豆油浸出要在微负压下操作，因此要求进料量均匀并有效地起到料封作用，以保证浸出器的操作稳定并防止浸出器内溶剂气体从进料口逸出或逸向预处理车间。

正常生产时，要求存料箱中的存料高度不小于1.4m；封闭绞龙出料端壳体内物料的充满系数要大，要能够有效的起到料封作用。

三、浸出操作工艺

（1）料层高度　料层高既可提高设备的利用率，增大生产能力，又可使料坯与更多的溶剂接触而提高浸出效果。但料层过高，下层料坯会受到强烈的挤压而破碎，增大料坯的粉末度，从而影响溶剂或混合油的渗透性。平转浸出器料格中的装料高度为料格高度的80%~85%；一般为1.5~2.5m；环形浸出器中的装料高度一般为0.6~1m。

（2）浸出温度　浸出温度高，一方面可以增加分子动能，加速分子运动，促进扩散作用；另一方面还可以降低油脂和溶剂的黏度。溶剂预热温度为50~55℃，入浸料温度为50~55℃，浸出器温度为50~55℃。一般说来浸出温度以低于溶剂初沸点8~10℃为宜。

（3）浸出时间　一般说来，浸出过程延续的时间越长，粕中残油率越低。但为了提高生产效率，不值得花费很长时间去浸取太少量的油脂，对浸出时间应有一定的限制。一般来说浸出器运转周期为60~100min。

（4）混合油浓度和溶剂比　浸出溶剂比是指单位时间内投入浸出器的溶剂量与所浸出的料坯量之比。溶剂比的大小直接影响浸出粕残油和混合油浓度，也随之影响混合油蒸发效果、溶剂损耗、蒸汽消耗等。一般来说，溶剂比越大，对提高浸出速率和降低粕中残油越有利，但混合油浓度也会随之而降低。在浸出生产中，应在保证粕残油小于1%的前提下，尽量提高混合油浓度。当浸出混合油浓度低时，应减小溶剂比。当浸出粕残油高时，应增加溶剂比。大豆膨化浸出，溶剂比可选择在（0.5~0.6）∶1，混合油浓度为25%~30%。

（5）沥干时间和湿粕溶剂含量　湿粕溶剂含量需要后续经蒸烘回收溶剂，因此湿粕溶剂含量越少越好。这需要保证一定的沥干时间。在实际生产中湿粕含有溶剂的情况下，要尽量缩短沥干时间。这样不仅可以降低粕中残油、减轻蒸烘操作负荷、节省蒸汽消耗，而且可以缩短浸出时间、提高生产能力、降低溶剂损耗。直接浸出的大豆湿粕溶剂含量一般为25%~35%。沥干时间一般可掌握在15~25min。大豆粕的残油（干基）在1%以下。

任务评价

大豆油浸出学习任务评价表见表3-8。

表 3-8　　大豆油浸出学习任务评价表

班级：　　姓名：　　学号：

评价项目		评价标准	分值	评价			综合得分
				自评	互评	师评	
职业素养15%	日常考勤	学习态度端正，无无故缺勤、迟到、早退现象	5				
	工作规范	严格遵守操作规程，精益求精、安全生产	5				
	团队合作	团队协作，分工明确，沟通良好	3				
	车间整理	工具、设备及时归位；保证车间清洁	2				
专业能力65%	子任务一 大豆油浸出工艺流程图识读	将大豆油浸出工艺流程图转化为相应的方框图	10				
		准确指出大豆油浸出涉及的主要设备各部分的结构	5				
	子任务二 大豆油浸出核心设备认知	正确填写平转浸出器设备标识卡	5				
		正确填写环形浸出器设备标识卡	5				
	子任务三 大豆油浸出仿真系统操作	利用大豆油浸出仿真系统准确设置相关参数	10				
		正确填写大豆油浸出工艺相关参数的控制范围	10				
	子任务四 大豆油浸出生产质量控制	准确写出大豆油浸出工艺效果的评价指标	5				
		分析大豆油浸出常见的生产性故障，并给出正确的处理方案	5				
		结合企业实际案例正确完成中控系统异常现象判断与处理	10				
任务成果20%	工作完整	能按时、按量完成任务	5				
	规范填写	能正确填写引导问题	5				
	成果展示	能准确表达、汇报工作成果	10				
合计			100				

课后作业

1. 浸出器只有在微负压下运行，才能减少溶剂渗漏，降低尾气排放量，减少溶剂损耗。请结合二维码中内容，写出浸出器内出现正压的危害。

食用植物油浸出溶剂特点及国家标准演变

溶剂认知微课

GB 1886.258—2016《食品安全国家标准　食品添加剂　正己烷》

2. 浸出器是油脂加工业的核心设备，原有市场主流浸出器技术大多源自于国外，E 型浸出器作为我国油脂行业拥有自主知识产权的核心装备，出料湿粕含溶、粕中残油、蒸汽消耗和电耗显著降低，处于国际领先水平，为行业的发展起到巨大的推动。请结合二维码中的内容，写出 E 型浸出器的特点。

E型浸出器

任务三

湿粕脱溶

情境描述

油料浸出后的湿粕一般含有 25%左右的溶剂。必须对湿粕进行脱溶、干燥和冷却处理，以得到合格的成品粕。湿粕处理的目的，首先是要最彻底地脱除溶剂，以保证浸出过程中最低的溶剂损耗及粕的安全使用；其次，要在蒸脱过程中通过控制一定的工艺条件，钝化和破坏粕中的有害毒素和抗营养成分，改善粕的质量；最后，要在蒸脱过程或其后对粕的温度和水分进行调节，使成品粕的温度和水分达到安全储存条件。按照湿粕脱溶生产操作规程，完成湿粕脱溶系统操作控制，并根据湿粕脱溶系统参数变化，及时判断并处理常见故障。

本学习任务分解成 4 个子任务，分别为湿粕脱溶工艺流程图识读、湿粕脱溶核心设备认知、湿粕脱溶仿真系统操作、湿粕脱溶生产质量控制。

学习目标

知识目标

1. 掌握湿粕脱溶工艺流程。
2. 掌握湿粕脱溶各工序目的及意义。
3. 掌握湿粕脱溶各工序方法及要求（质量标准）。
4. 熟悉湿粕脱溶各工序核心设备及结构。
5. 掌握湿粕脱溶的影响因素。

能力目标

1. 能指出层式蒸脱机、捕粕器各部位的结构及其功能。
2. 能叙述层式蒸脱机、捕粕器的工作过程。
3. 能正确说出层式蒸脱机、捕粕器操作控制点，并分析其对生产的影响和作用。
4. 能叙述湿粕脱溶工艺流程，会识读湿粕脱溶中控界面，说出主要参数及控制范围。
5. 会对湿粕脱溶系统主要工艺参数、主要控制项目进行合理调控，并能合理控制经济指标。
6. 能对湿粕脱溶常见故障进行原因分析和正确处理。

素质目标

1. 严格遵守湿粕脱溶操作规程完成仿真操作，养成科学严谨、规范操作的工作作风。
2. 合理选择 DTDC 热风加热热源，做好二次蒸汽利用，以控制蒸汽生产成本，树立“点点滴滴降成本、分分秒秒增效益”的节能意识。
3. 根据 GB 14932—2016《食品安全国家标准　食品加工用粕类》判断成品粕的质量，培养质量意识。

任务书

某 4000t/d 规模浸出大豆油生产线湿粕脱溶 DCS 仿真系统（图 3-9），运行参数进行全过程动态仿真。

湿粕脱溶工作任务单见表 3-9。

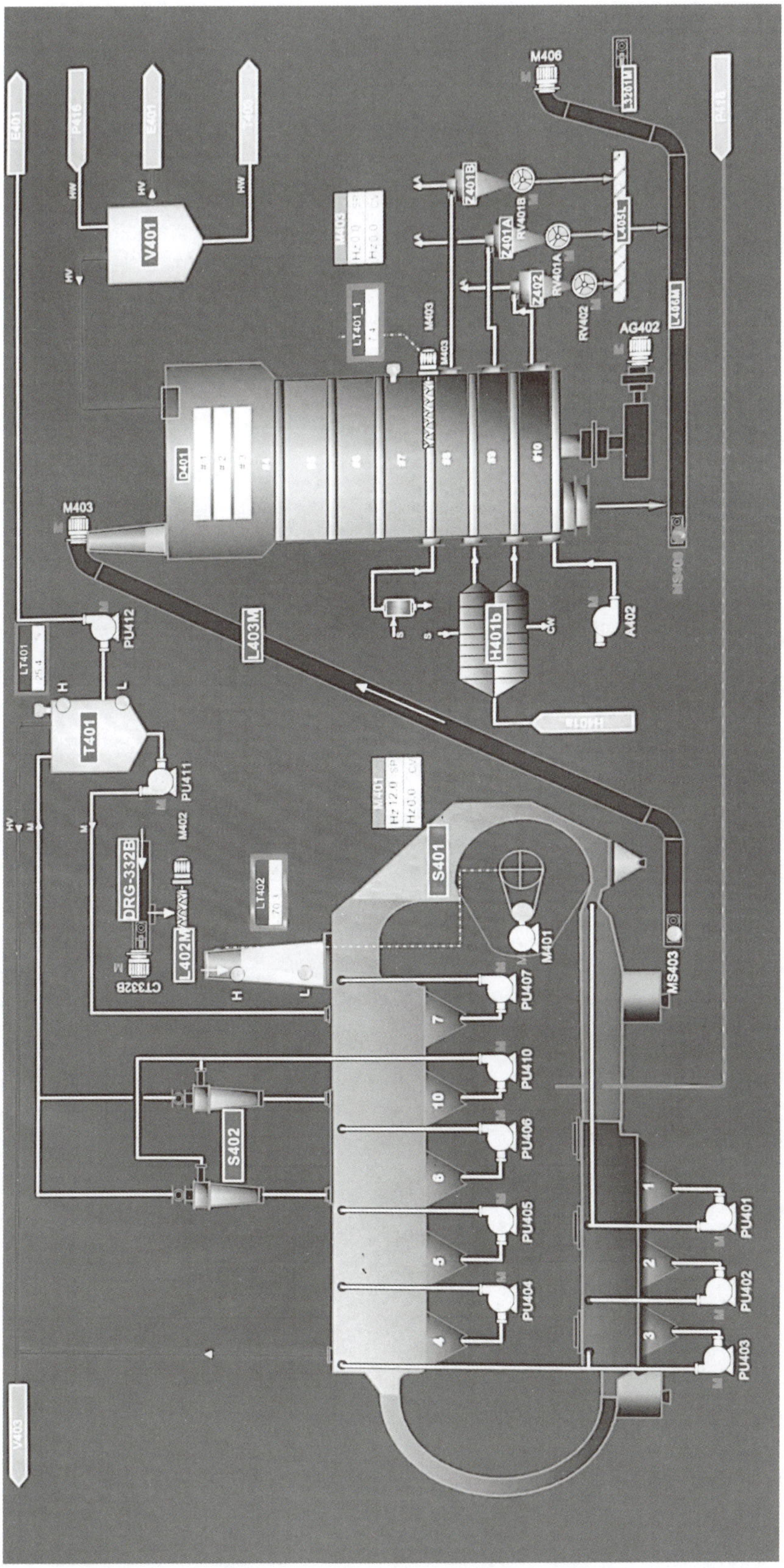

图3-9　湿粕脱溶DCS仿真系统

表 3-9 湿粕脱溶工作任务单

班级		组号		组长		日期		指导老师	
成员									

序号	工作任务	要求	知识链接
1	湿粕脱溶工艺流程图识读	识读指定的湿粕脱溶中控界面，标注层式蒸脱机、捕粕器及物料名称，将工艺流程图转化为方框图	湿粕脱溶的基本原理
2	湿粕脱溶核心设备认知	学习层式蒸脱机、捕粕器等设备动画、图片资源，填写设备标识卡	蒸脱机的工作结构及原理
3	湿粕脱溶仿真系统操作	仿真平台设置湿粕脱溶工艺参数，填写操作参数范围	湿粕脱溶工艺
4	湿粕脱溶生产质量控制	依据湿粕脱溶各工序质量指标，结合企业真实案例分析湿粕脱溶的生产故障，并寻找解决办法	湿粕脱溶可能存在的问题及采取的措施、湿粕脱溶的影响因素
工作准备	阅读工作任务书，借阅或上网查阅有关资料，获取层式蒸脱机、捕粕器的结构、工作原理、主要参数等相关知识。 结合工厂实际生产情况，收集层式蒸脱机、捕粕器操作控制要点、安全操作规程等资料		

工作实施

子任务一　湿粕脱溶工艺流程图识读

引导问题 1： 将溶剂从湿粕中去除的过程，在油脂工业上称为________。

引导问题 2： 湿粕脱溶的目的是根据对粕的使用要求，尽可能完全彻底地脱除__________，并对粕的__________进行相应的调节，以使粕的质量达到规定的指标。

任务实施

识读湿粕脱溶中控界面（图 3-9），标注层式蒸脱机、捕粕器及物料名称，将工艺流程图转化为方框图。

知识链接

湿粕脱溶的基本原理

从浸出器出来的经自然沥干的粕，一般都含有 25%～35%的溶剂和一定量的水分。粕中溶剂的含量，称为粕中含溶，而含有溶剂和水分的粕统称为湿粕。

将溶剂从湿粕中去除的过程，在油脂工业上称为湿粕脱溶。用于湿粕脱溶的设备，由于其兼有溶剂蒸脱和水分烘干的双重作用，故一般称为蒸烘机。脱去溶剂并使其中的含水量降低到安全水分的粕，则称为干粕（成品粕）。

一、湿粕脱溶的目的

湿粕脱溶基本理论微课

湿粕脱溶的目的在于，根据对粕的使用要求，尽可能完全地脱除湿粕中残留的溶剂，并对粕的水分进行相应的调节，以使粕的质量达到规定的指标。而脱除湿粕中残留溶剂的难易程度与溶剂在粕中的存在状态有关。

二、溶剂在粕中的存在状态

湿粕沥干后，残留溶剂在粕中的存在状态，类似于水分在多孔毛细管胶体中的存在状态。通常认为有以下两种状态。

（1）结合状态　此类包括湿粕细胞内部的溶剂和湿粕毛细管中的溶剂等。由于此类溶剂与湿粕的结合力强，因此，从湿粕中除去此类溶剂较为困难。

（2）非结合状态　此类包括存在于湿粕表面的吸附溶剂及孔隙中的溶剂，它主要是以机械方式与湿粕混合在一起，与湿粕的结合力较弱，因而从湿粕中除去此类溶剂较为容易。

三、脱溶原理

脱除湿粕中溶剂常用的方法是通过加热，使湿粕中的溶剂获得热能而气化，从而与粕分离。这种借助热能从固体物料中除去湿分（溶剂或水分）的操作在化工中称为固体的干燥，而在油脂制取企业中则称为湿粕的脱溶。在湿粕脱溶操作中，溶剂从湿粕内部扩散到表面，然后再气化而转移到气相中。所以湿粕脱溶的过程实质上是一个溶剂从固相转移到气相的传质过程。

在脱溶开始时，溶剂从粕粒表面蒸发，在此阶段中，主要去除与粕呈非结合状态的溶剂，因而分离比较容易，这个阶段是脱溶的第一阶段——恒速阶段；而当蒸发面深入粒子内部后，主要是粒子内部与粕呈结合状态的溶剂的分离，故这个阶段的进行是比较困难的，此即为脱溶的第二阶段——降速阶段。为了强化脱溶效果，在湿粕脱溶过程中应使粕粒处于不停的翻动状态，并尽可能提高传热速率。如再适当降低溶剂蒸气在物料表面的分压，则更有利于粕中溶剂的去除。因此目前的湿粕脱溶工艺，普遍采用搅拌及直接蒸汽和间接蒸汽并用，甚至以真空等手段来达到较理想的脱溶效果。

子任务二　湿粕脱溶核心设备认知

二次蒸汽净化微课

引导问题 1： 湿粕脱溶系统的工艺过程可以分为__________等工序。

引导问题 2： 请说明夹带粕末的二次蒸汽必须净化处理的原因。

____

____

____

引导问题 3： 填写捕粕器（图 3-10）部件名称。

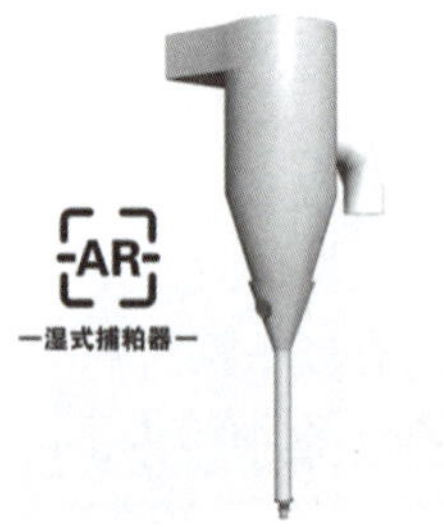

图 3-10　捕粕器

____

____

____

引导问题 4： 填写 DT 蒸脱机（图 3-11）部件名称。

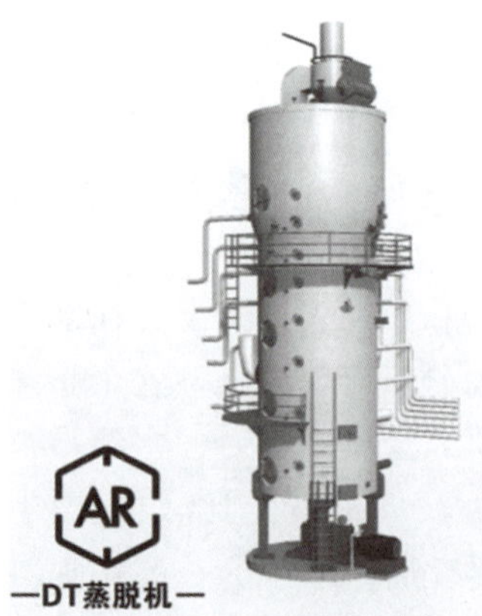

图 3-11　DT 蒸脱机

DTDC蒸脱机动画

任务实施

填写表 3-10 DTDC 蒸脱机设备标识卡。

表 3-10　DTDC 蒸脱机设备标识卡

<table>
<tr><td>设备名称</td><td></td><td>设备分级</td><td></td><td rowspan="2">颜色状态</td><td rowspan="2"></td></tr>
<tr><td>规格型号</td><td></td><td>生产厂家</td><td></td></tr>
<tr><td colspan="6">设备描述</td></tr>
<tr><td>设备作用</td><td colspan="5"></td></tr>
<tr><td>控制参数</td><td colspan="5"></td></tr>
<tr><td>注意事项</td><td colspan="5"></td></tr>
<tr><td>危险因素</td><td colspan="5"></td></tr>
<tr><td rowspan="2">状态色标</td><td>红</td><td>橙</td><td colspan="2">黄</td><td>绿</td></tr>
<tr><td>重点关注</td><td>次重点关注</td><td colspan="2">一般关注</td><td>轻微关注</td></tr>
</table>

知识链接

蒸脱机的工作结构及原理

一、DT 型蒸脱机

DT（desolventizer and toaster）蒸脱机是专为大豆直接浸出的湿粕脱溶工艺设计的，其结构型式从 1950 年 DT 蒸脱机首次应用到现在已经过多次改进。

1. DT 蒸脱机结构

DT 蒸脱机共有 8 层。第一层到第三层为脱溶区，第四层到第八层为烤粕区。含溶剂的湿粕经螺旋输送机送到第一层，第一层为有蒸汽夹层的加热板，上有刮刀和轴相连。DT 蒸脱机有一根中心轴，当中心轴转动时，转动刮刀将第一层已被加热和已有部分溶剂汽化的湿粕刮送到第二层。第二层也有夹层蒸汽加热。它的周围是由不锈钢制成的百叶窗，下层的溶剂气体和水蒸气通过百叶窗与粕逆流充分接触，把粕中溶剂蒸出，粕经刮刀刮至盘中心，落到第三层。第三层是直接蒸汽喷入层，它由喷汽盘和四周环状的筛板所构成。在喷汽盘的边缘有两个带插板的下料口。喷汽盘上分布有直径 2mm 的小孔约 2000 个，压力为 294~343kPa 的过热蒸汽由孔喷入粕中（温度 120℃左右）。这样的结构保证了在第三层上有一适宜有料层，这对湿粕脱溶是十分有利的。

DT 蒸脱机的上部机体上有一个扩大的拱顶盖，因此蒸汽到达拱顶部分时速度降低，从而降低了蒸汽带出的粕粉含量。大约 90%的热量是从第三层喷入的直接蒸汽带入的。由于粕粒内外均有溶剂，因此当直接蒸汽喷入时，溶剂很快受热膨胀，爆破式地从粕粒中蒸发出来。直接蒸汽在对湿粕加热和汽提的同时，少部分冷凝于粕中，增加了粕中的水分含量，促使蛋白质变性。经脱溶层蒸脱溶剂后，粕中含水量为 16%~24%，由第三层的刮刀通过带插板的下料口进入第四层。第四~七层的情况基本相同，均有底夹层间接蒸汽加热豆粕，夹底上均开有三个栅格状通气孔，孔径为 500mm。每一条栅格间的距离都是下大上小。每层除有三个通气孔外，还有一个下料口，下料口向下为一个喇叭口，由它来控制料层的高度。一般喇叭口的高度控制下一层料层厚度，料层低于喇叭口时，上一层的料粕则不断流下，如果料粕高度达到喇叭口高度，则暂停下料。在第三层装有带插板的落料口，开车时粕是一批一批往下放，下面几层粕装好后则把控制门打开，进行自动调整。第八层无底夹层，底板上装有一个出料门，对出粕加以调节。粕经过下面五层烘烤后，营养价值高，粕中的尿素酶活性和胰蛋白酶抑制素均已被彻底破坏，完全满足饲料的要求。DT 蒸脱机的烤粕时间在 15~25min 较为合适。出粕水分达 14%~15%，粕温为 100~105℃，需要进一步用卧式烘干机或热空气干燥将水分降到 13%以下，并用冷空气冷却到 40℃以下才能包装和储藏。

2. DT 蒸脱机的特点

DT 蒸脱机能较彻底地脱除湿粕中所含的溶剂及破坏粕中的有害毒素。所获得的饲用豆粕质量好。但该设备结构复杂，动力消耗大，蒸汽耗用量大。因此，DT 蒸脱机只适宜大豆湿粕的蒸脱，一般不用于预榨浸出粕的脱溶。

二、DTDC 蒸脱机

针对 DT 蒸脱机不能对粕干燥和冷却的缺点，出现了 DTDC（desolventizer toaster drier cooler，脱溶、烤粕、干燥、冷却）蒸脱机。

1. 预热层、透汽层

DTDC 蒸脱机通常有 9 或 10 层。浸出后的湿粕由进料口落入预热层，预热层的作用是对湿粕预加热并脱除少量溶剂，以防止在下面若干层中高温的直接蒸汽或混合蒸气与低温的湿粕接触时发生过多水蒸气凝结于粕中，造成湿粕的结球现象。经预热后的粕落入透汽层（或称自蒸层），在透汽层中，湿粕与下层蒸出的溶剂蒸气和水蒸气的混合气体直接接触，利用混合蒸气的热量对湿粕进行加热，同时也利用透汽层底夹层中的间接蒸汽进行加热。为了充分发挥这种自蒸效果，透汽层设置三层。混合气体通过在自蒸层与粕换热后，其温度从 100℃ 降至排出蒸脱机时的 68～70℃，而粕温则从 60℃ 升至 80℃ 以上，粕含溶降低 30% 左右。

2. 脱溶层

经预热脱溶后的湿粕进入脱溶层，在这层的底夹层上有大量的直径为 3mm 的小孔，直接蒸汽通过这些小孔喷入粕中脱除溶剂，但其直接蒸汽耗量比一般的 DT 蒸脱机要少。为防止蒸脱混合气体从出料口逸至下层，同时也防止下层的热风进入该层，该层的下料口采用封闭阀或封闭螺旋进行料封。经过这一层后粕中的溶剂被脱除干净，但水分也增加许多，高时可达 18%，温度也上升至 100℃ 左右。

3. 烘烤和脱水干燥层

脱溶后的粕进入烘烤和脱水干燥层，在这一层中可以对粕进行升温以利于下层的热风干燥，同时对改善粕的色泽和风味也有利。热风层通过底部的夹层，将热风吹入料层之中。热风是经过风机将空气吹进加热器中，用饱和加热蒸汽加热空气，使空气的温度为 85～90℃，这样温度的热风在热风层中将粕的水分脱除，如果生产量较大，热风层可考虑设计两层，在脱除粕水分的同时粕温也降低至 50～60℃。干燥后的粕再进入冷风层，在这层中由风机吹入的室温空气通过料层，将粕温降至 35～40℃ 的安全储藏温度。

这种设备集脱溶、干燥、冷却为一体，具有一机多能、生产方便、工艺指标容易调控、节能效果显著、产品质量可靠等优点，因此越来越受到大豆油脂生产厂家的欢迎。但随着生产规模的扩大，当日产量达到 5000t 以上时，由于这种设备具有过于庞大的尺寸和过多的层数，给设计、制作以及动力配备带来困难，若能采用脱溶、干燥、冷却三者分离的设备结构会更加合理。

子任务三　湿粕脱溶仿真系统操作

引导问题 1： 粕的储存温度应为 35～40℃，安全水分一般在________以下，粕中残留溶剂量不超过__________。

引导问题 2： 湿粕脱溶仿真系统中哪些参数是控制参数，哪些参数是调节参数？

____

____

____

任务实施

在湿粕脱溶仿真系统中设置主要的工艺参数，并在表 3-11 填写主要参数控制范围。

表 3-11　湿粕脱溶主要参数控制范围

序号	部位	控制范围	备注

知识链接

湿粕脱溶工艺

为了得到不同用途和不同要求的成品粕，在油脂生产工艺尤其是湿粕处理工序中需要采用不同的工艺条件。对于饲料成品粕需要采用高温脱溶的工艺技术，以使其充分熟化；而对于食品成品粕需要采用低温脱溶的工艺技术，以保证蛋白质不变性或少变性。

一、常规脱溶工艺

1. 工艺条件

湿粕常规脱溶工艺条件见表 3-12。

表 3-12　湿粕常规脱溶工艺条件

项目	蒸烘机出粕温度/℃	气相温度/℃	蒸烘时间/min	粕入库温度/℃	粕含水分/%	粕残溶/%	引爆试验
指标	105~110	70~80	40~45	<40	<12	<0.07	合格

2. 工艺要求

（1）湿粕的粒度大小要适宜　湿粕的粒度若过小则粉末度大，若过大又不易蒸透。生产中一般其粒度都很小。

（2）湿粕的含溶量要低　湿粕的含溶量越低越好，这样可减少蒸烘机的工作负荷。同时也可相应减少冷凝器的冷凝面积，从而降低能耗。一般静态浸出时，湿粕含溶量 30% 左右。环形浸出器的湿粕因在拖压中沥干，其残溶量一般不超过25%。

(3) 装料量要适当　蒸烘机料层高度低一些易于蒸烘，但相应会影响产量。DT蒸脱机料层较薄，其装料量为容量的40%~50%；高料层蒸烘机料层较高，其装料量为50%~70%，料层高度为1.0~1.2m。

(4) 控制好蒸烘温度　进入蒸烘机的湿粕温度高一些，可缩短蒸烘时间，节约能源。在蒸烘过程中，固相温度不能太高，以能破坏粕中的有害毒素，而又不致蛋白质大量变性及糖类脱水焦化为限，一般控制在105~110℃。气相温度也要控制好，一般为70~80℃。若过高会浪费水蒸气，增加冷凝系统的负担；若过低则脱溶效果不好，且会使粕中含水量偏高。

(5) 保证蒸汽质量　一般要求间接蒸汽压力不低于0.4MPa，直接蒸汽压力不宜太高，一般控制在0.05MPa左右。若蒸气压力过高会使温度相应提高，这样既影响粕的质量，又会将过多粕末吹入气相，导致二次蒸汽中粕末夹带过多，给后续工序带来麻烦。

(6) 粕粒翻动要好　粕粒在蒸烘过程中要有良好的翻动，才有利于直接蒸汽与粕粒充分接触，缩短蒸烘时间。

(7) 保证足够的蒸烘时间　将湿粕中的溶剂基本蒸脱除净的蒸烘过程，经历时间不应少于40min。

湿粕脱溶
工艺微课

二、低温脱溶工艺

低温脱溶技术主要用于生产食用大豆粕。目前，该技术大多采用己烷浸出、湿粕高温瞬时闪蒸脱溶工艺。该技术以美国皇冠公司、日本不二公司、德国鲁奇公司为代表。国内已有多家浸出油厂采用这种技术进行低温豆粕的生产。低温脱溶过程中粕温一般不超过80℃，成品粕总蛋白的80%~85%为可溶性蛋白。蛋白质低变性豆粕主要用于食用大豆蛋白制品的生产。低温脱溶的原理，类似于化工中的气流干燥原理，即利用过热的溶剂蒸气作为湿粕脱溶的加热介质，在风机风力的推动下，使湿粕悬浮在加热介质中而脱除其中的溶剂。

由于该过程进行得极快，加热介质与粕粒接触的时间很短，仅有几秒钟，粕本身升温的幅度较小，一般不超过85℃，这样，蛋白质的变性程度则大为减少，因而可得到可溶性蛋白质含量较高的粕。不过这种方法不能保证将溶剂从粕中彻底脱除（残留溶剂量为粕量的0.20%~0.75%），因而在最后阶段还需用过热水蒸气或在真空条件下进一步脱除溶剂。

子任务四　湿粕脱溶生产质量控制

引导问题1： 蒸脱机气相室应处于（　　）状态下工作，目的是让少量的空气吸入系统内，不能让溶剂气体或混合气体渗出系统外。

A. 正压　　　　　B. 微负压

引导问题2： 在蒸脱机结构一定的情况下，蒸脱时间与料层________

紧密相关的，通过在一定范围内调节__________即可达到调节蒸脱时间的目的。

任务实施

一、湿粕脱溶的问题及处理

故障 1：蒸脱机正压。

蒸脱机正压会造成溶剂气体从封闭绞龙、湿粕刮板等处泄漏，严重影响车间的生产安全。

若分析原因是：混合气体出气阻力大造成蒸脱机正压。请提出相应的处理措施。

处理措施：

____

____

____

若分析原因是：直接水蒸气喷入量太大或气相温度太高，引起蒸脱机正压。请提出相应的处理措施。

处理措施：

____

____

____

故障 2：大豆粕闪爆试验不合格（残溶高）。

DTDC 蒸脱机首要工作原则是确定蒸汽通入量与料位累计高度的对应关系。这种匹配关系正确与否以及稳定性直接关系到成品质量、消耗指标的变化。若不合理可能会出现什么问题？

____

____

____

若故障现象是：粕残溶偏高，经调查发现是因为蒸脱时间不够，应该如何调整？

处理措施：

____

____

____

知识链接

湿粕脱溶可能存在的问题及采取的措施

一、存在问题

1. 蒸烘后粕引爆试验不合格（呈阳性）

（1）浸出过程中由于原料或设备等原因，造成湿粕含溶严重超标（正常在25%~35%），致使蒸脱过程中超过蒸烘机的处理能力，无法将溶剂从湿粕中完全分解出来。

（2）由于蒸脱温度偏低、直接蒸汽喷入量小或直接蒸汽质量差，造成蒸烘机气相温度低于75℃，无法使大部分溶剂汽化。

（3）由于封闭阀转速过快或自控料门失灵使蒸脱层料位偏低（高料层一般要求料层1.2~1.5m），粕在蒸烘机内停留时间减少等。

以上均可能造成蒸烘后干粕引爆试验呈阳性。

2. 烘干后粕水分超标

造成粕中水分超标一般有以下原因。

（1）浸出前原料水分高，超过10%，造成烘干负荷增大。

（2）在浸出过程中由于操作失误，致使湿粕水分升高，如前所说新鲜溶剂中带水。

（3）喷入蒸烘机的直接蒸汽质量差（含水量高），造成在蒸脱过程中将水过多地带入粕中。

（4）夹套加热层由于疏水器失灵，冷凝水没能及时排出，烘干效果下降。

（5）设备陈旧，蒸烘机内结垢严重，致使传热系数下降。

（6）对于装有湿式捕粕器的蒸烘机，也有可能因出水管堵塞或不畅使水带入蒸烘机进入粕中。

3. 蒸烘机内气相压力不正常

这种情况往往是由于蒸烘操作过程中，湿粕粉末度太高、直接蒸汽喷入量过大、蒸脱（直接蒸汽喷入层）料位太低、蒸烘机内搅拌叶安装角度有误等原因致使粕末被混合气体带走，造成通往蒸烘冷凝器的管道堵塞引起。另外，湿粕含溶太高，单位时间内产量过大致使溶剂混合气体大量蒸发也会引起蒸烘机内气相压力不正常，往往反映在U形压力计上呈现正压或负压大起伏。

二、工艺调整方案

（1）如是进蒸烘机原料（湿粕）达不到工艺条件，必须加强前道各工序的操作管理工作，增加工艺测定的次数，及时提供有关数据，满足蒸烘工艺要求。

（2）如是操作原因，一方面可通过改善操作，如根据原料品种的不同及含溶量和水分含量的差异，采取适当增加蒸脱、烘干时间（提高料层，适当减少产量等方法）的措施，使干粕中含溶、水分达标；另一方面，应加强操作工的责任心，勤观察，勤检查，及早发现问题，避免操作失误。

（3）如是设备陈旧，如表面结垢严重或蒸汽质量等原因致使蒸烘达不到工艺要求，则必须加强设备的维护，定期检修并注意检修质量。对失效及已损坏的零部件及时更换。对于蒸汽质量的问题，应检查保温工作是否做好，适当增加蒸汽加热器面积或提高直接蒸汽温度，保证蒸烘效果。

二、中控系统异常现象案例分析

故障 1： 中控系统显示 DTDC 蒸脱机出口气相温度已经偏高，但尿素酶活性依然较高，豆粕含溶也很高，分析可能的原因，并提出相应的处理措施。

原因分析：

蒸脱机的常见故障及处理方法

处理措施：

故障 2： 经检测后发现粕中残油偏高，请指出中控室参数变化情况，分析可能的原因，并提出相应的处理措施。

原因分析：

处理措施：

故障 3： 中控显示蒸烘机内气相压力出现大起伏，分析可能的原因，并提出相应的处理措施。

原因分析：

处理措施：

知识链接

湿粕脱溶的影响因素

一、湿粕的性质及工艺参数对湿粕脱溶效果的影响

1. 溶剂在湿粕中的存在状态

溶剂在湿粕中有结合态和非结合态。非结合态的溶剂容易除去，结合态的溶剂难以除去。

2. 料粒大小

湿粕料粒适当小一些有利于脱溶。但若太细小会增大粉末度，蒸烘过程中易造成粕末飞扬，汇入蒸气后会给后续工序带来麻烦；若湿粕料粒过大则不易蒸透，增大溶耗，增加粕中的溶剂残留量，会影响到粕的质量和安全生产。

成品粕的质量要求

湿粕蒸脱效果的影响因素微课

3. 湿粕水分

入浸料坯水分含量过高时，既影响浸出效果，也会给脱溶带来麻烦。水分含量高的湿粕易结团，流动性差，蒸烘过程中易搭桥，下料困难；同时，给烘粕环节带来不利影响，结果会使干粕水分偏高。鉴于此，一般要求湿粕的水分含量控制在 4%~8%。

4. 湿粕温度

浸出温度一般为 50~55℃，进入蒸烘机的湿粕温度也大体接近该温度。若湿粕的温度高一些，蒸烘过程中可节省水蒸气耗用量，缩短蒸烘时间，提高设备利用率。

5. 湿粕含溶量

从蒸烘工序的角度看，进入蒸烘机的湿粕含溶量低些为好，这样可减轻其工作负荷，节约能源消耗。一般经平转式浸出器浸出后的湿粕含溶量为 30%左右。环形浸出器浸出后的湿粕因在拖压过程中沥干，其含溶量一般不超过 25%。以上湿粕的含溶量都较高，在生产实践中可考虑湿粕在进入蒸烘机之前采用机械挤压或真空吸滤等方法来降低含溶量。

二、水蒸气状况对湿粕脱溶效果的影响

湿粕脱溶的加热介质一般采用饱和水蒸气。饱和水蒸气的压力越高，相应的温度越高，温度越高传热推动力越大，湿粕的升温速度也越快，这样有利于溶剂蒸脱。但水蒸气的温度也不宜太高，应以不降低粕的质量、提高蒸烘速度为好。一般要求用于湿粕蒸烘的间接蒸汽压力不低于0.4MPa，直接蒸汽压力控制在0.05MPa左右。

水蒸气在蒸烘设备内的流动情况也会影响蒸烘效果。水蒸气在设备内的流速加快会强化蒸烘作用。但若过快，又会大大增加蒸汽耗用量。对于直接蒸汽而言，过快的流速还会夹带大量的粕末。所以水蒸气的流速应根据实际情况进行必要的调节。

三、蒸烘时间对湿粕脱溶效果的影响

湿粕在蒸烘机内脱除溶剂经历的时间依设备不同而有所差异。通常高料层蒸烘机的蒸烘时间为30~40min，DT蒸脱机为40~50min。若蒸烘时间过短，则蒸烘不透，粕中残溶量大；若蒸烘时间过长，又会影响粕的质量，降低生产能力。

此外，混合气体的冷凝条件对蒸烘效果也有显著的影响。为了提高蒸烘效果，要求冷凝器应有足够的冷凝面积，并经常处于良好的工作状态。若能使蒸烘机保持微负压操作则蒸烘效果更好。

四、脱溶设备结构对湿粕脱溶效果的影响

脱溶设备结构主要是指设备层高、搅拌叶类型及搅拌速度、直接蒸汽喷孔孔径和混合气体排出口口径等。

1. 设备层高

蒸烘设备层高随设备类型不同而异。层高低，装料少，料层薄，这样有利于湿粕蒸烘。但料层太薄时，又会影响蒸烘设备的生产能力；若层高高，装料多，料层厚，相应处理量大。但对于非预榨饼浸出后的湿粕，则不易蒸透。实际生产中的蒸烘料层高度，应根据不同类型的生产设备及料层的透气性来具体确定。

2. 搅拌叶类型及搅拌速度

高料层蒸烘机和DT蒸脱机的搅拌叶均用厚钢板制成，根据需要有单片的也有双片的。这些搅拌叶要求装置成一定倾角，以使其在运转中能很好地对物料进行搅动和抛撒，使其受热均匀。

搅拌叶的搅拌速度要适中，一般控制在15r/min左右。若搅速太快，消耗动力大，会使粕末扬起；若太慢，又起不到搅拌翻料作用。

3. 直接蒸汽喷孔孔径

蒸烘机内直接蒸汽从蒸脱层底板上若干喷汽孔喷出，要求喷汽孔孔径大小要适宜，通常以直径2.0~2.5mm为好。若孔径太小，难于加工，且

易堵塞；若太大又可能使粕末落入。

4. 混合气体排出口口径

蒸烘机上部的混合气体排出口口径不宜太小，若该口径太小，会使出气阻力大，影响蒸烘效果；通常要求该口径与机体直径之比为 1∶(3.5~4.0)。

任务评价

湿粕脱溶学习任务评价表见表 3-13。

表 3-13　　湿粕脱溶学习任务评价表

班级：　　　　　　姓名：　　　　　　学号：

评价项目		评价标准	分值	评价			综合得分
				自评	互评	师评	
职业素养15%	日常考勤	学习态度端正，无无故缺勤、迟到、早退现象	5				
	工作规范	严格遵守操作规程，精益求精、安全生产	5				
	团队合作	团队协作，分工明确，沟通良好	3				
	车间整理	工具、设备及时归位；保证车间清洁	2				
专业能力65%	子任务一 湿粕脱溶 工艺流程图识读	将湿粕脱溶工艺流程图转化为相应的方框图	10				
		准确指出湿粕脱溶涉及的主要设备各部分的结构	5				
	子任务二 湿粕脱溶 核心设备认知	正确填写 DT 蒸脱机设备标识卡	5				
		正确填写 DTDC 蒸脱机设备标识卡	5				
	子任务三 湿粕脱溶 仿真系统操作	利用湿粕脱溶仿真系统准确设置相关参数	10				
		正确填写湿粕脱溶工艺相关参数的控制范围	10				
	子任务四 湿粕脱溶 生产质量控制	准确写出湿粕脱溶工艺效果的评价指标	5				
		分析湿粕脱溶常见的生产性故障，并给出正确的处理方案	5				
		结合企业实际案例正确完成中控系统异常现象判断与处理	10				

续表

评价项目		评价标准	分值	评价			综合得分
				自评	互评	师评	
任务成果20%	工作完整	能按时、按量完成任务	5				
	规范填写	能正确填写引导问题	5				
	成果展示	能准确表达、汇报工作成果	10				
合计			100				

课后作业

现在养殖业对豆粕的质量和风味要求越来越高，不仅对豆粕蛋白质含量有要求（根据饲料配方需求蛋白质含量为44%、46%或48%），还要求豆粕尿酶值为0.05~0.20、蛋白质溶解度在75%以上、残溶量低于320mg/kg、水分为12.5%~13%、颗粒直径小于8 mm、感官色度白或淡黄、带浓香味。DTDC蒸脱机是调节豆粕质量的关键设备，在脱溶和烘干过程中，豆粕内部分氨基酸和还原糖等发生美拉德反应，氨基酸的消化率有一定的下降，但豆粕产生浓香味，这种豆粕配制的饲料，口味香，家禽进食多，增重快。

粕的后处理

请结合二维码中粕的后处理相关内容，写出等级（豆）粕、高含脂粕、颗粒状粕的生产技术特点。

任务四

混合油处理

情境描述

油脂浸出工序中得到的混合油主要由易挥发的溶剂、溶解在其内的油脂及油脂伴随物组成，此外还混杂有0.4%~1.0%的粕末等杂质。混合油处理的目的就是去除其中的固体粕末并分离出溶剂，从而得到比效纯净的浸出原油。按照混合油处理生产操作规程，完成混合油处理系统操作控制，并根据混合油处理系统参数变化及时判断并处理常见故障。

本学习任务分解成4个子任务，分别为混合油处理工艺流程图识读、混合油处理核心设备认知、混合油处理仿真系统操作、混合油处理生产质量控制。

学习目标

知识目标

1. 掌握混合油处理系统工艺流程。
2. 掌握混合油处理系统各工序目的及意义。
3. 掌握混合油处理系统各工序方法及要求（质量标准）。
4. 熟悉混合油处理系统各工序核心设备及结构。
5. 掌握混合油处理系统各工序的影响因素。

能力目标

1. 能指出蒸发器、汽提塔各部位的结构及其功能。
2. 能叙述蒸发器、汽提塔的工作过程。
3. 能正确说出蒸发器、汽提塔操作控制点，并分析其对生产的影响和作用。
4. 能叙述混合油处理工艺流程，会识读中控界面，说出主要参数及控制范围。
5. 会对混合油处理系统主要工艺参数、主要控制项目进行合理调控。
6. 能对混合油处理常见故障进行原因分析和正确处理。

素质目标

1. 严格遵守混合油处理操作规程完成仿真操作，养成科学严谨、规范操作的工作作风。
2. 依据单个设备节能到全局能量系统优化的思路进行混合油处理蒸汽成本控制，培养节能意识。
3. 合理调控混合油处理系统主要控制项目、主要工艺参数，培养一丝不苟、精益求精的工程素养。

任务书

某 4000t/d 规模浸出大豆油生产线混合油处理 DCS 仿真系统（图 3-12），运行参数进行全过程动态仿真。

混合油处理任务工作单见表 3-14。

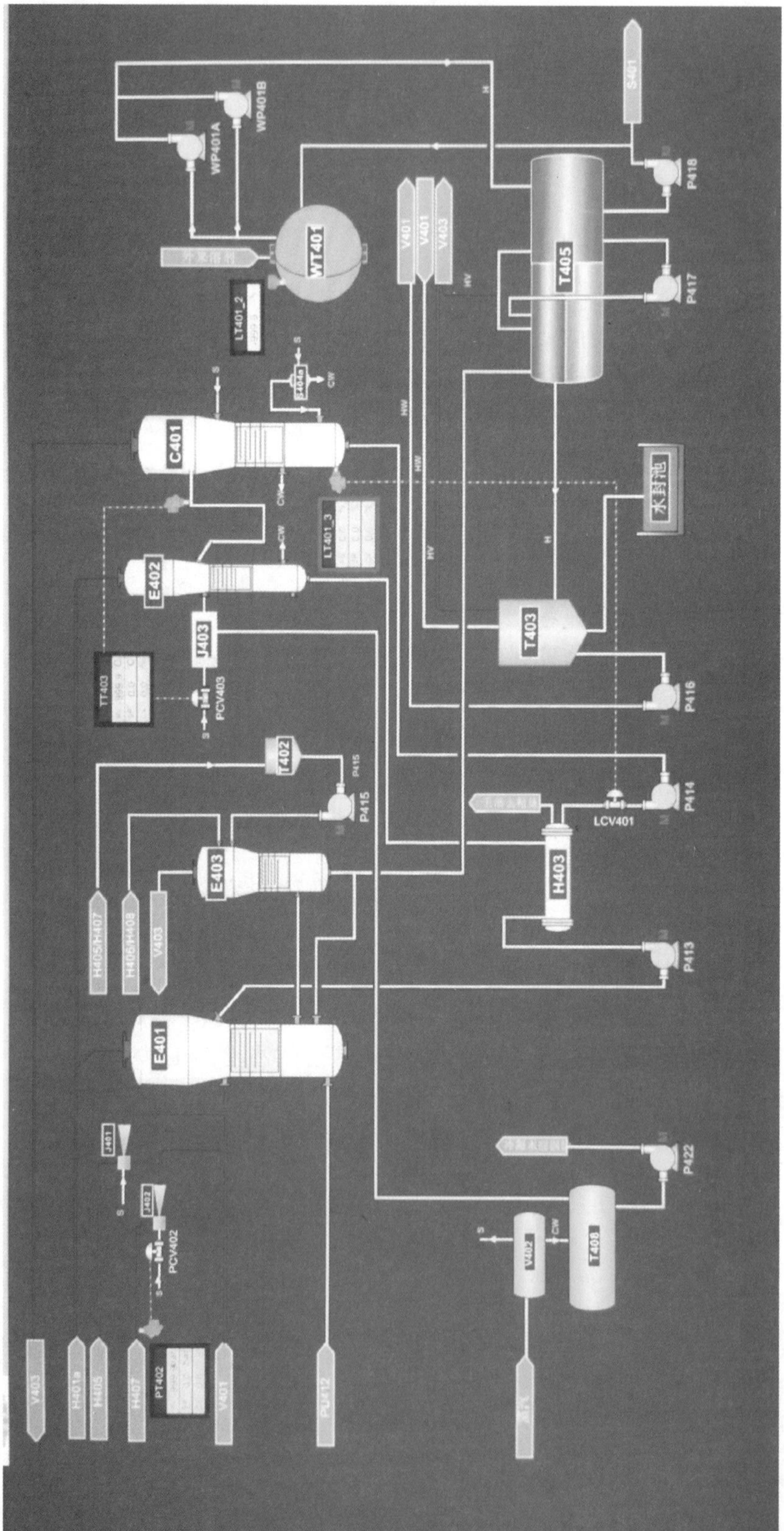

图3-12　混合油处理DCS仿真系统

表 3-14　混合油处理工作任务单

班级		组号		组长		日期		指导老师	
成员									

序号	工作任务	要求	知识链接
1	混合油处理工艺流程图识读	识读指定的混合油处理中控界面，标注蒸发器、汽提塔及物料名称，将工艺流程图转化为方框图	混合油处理的基本原理
2	混合油处理核心设备认知	学习蒸发器、汽提塔等设备动画、图片资源，填写设备标识卡	混合油预处理核心设备结构及工作过程
3	混合油处理仿真系统操作	仿真平台设置混合油处理工艺参数，填写操作参数范围	混合油蒸发工艺
4	混合油处理生产质量控制	依据混合油处理各工序质量指标，结合企业真实案例分析混合油处理的生产故障，并寻找解决办法	混合油处理工序一般存在的问题及采取的措施；混合油处理的影响因素
工作准备	阅读工作任务书，借阅或上网查阅有关资料，获取蒸发器、层碟式汽提塔的结构、工作原理、主要参数等相关知识。主要获取蒸发器、层碟式汽提塔的工作参数等相关知识。 结合大豆浸出油厂实际生产情况，收集蒸发器、层碟式汽提塔操作控制要点、安全操作规程等资料		

工作实施

子任务一　混合油处理工艺流程图识读

引导问题 1： 混合油处理是利用过滤、沉降等方法先将混合油中的________固体粕末分离；再根据溶剂和油脂沸点________的差别，对混合油进行蒸发、汽提，将低沸点易挥发的溶剂转变为________溶剂蒸气，使它与高沸点实际上不挥发的油分离。

引导问题 2： 根据图 3-13，混合油沸点在其浓度高于________时将显著增加，从而使蒸发的温度提高。减小蒸发压力有利于降低混合油沸点，________蒸发温度。在混合油蒸发时，实际上不可能将油内所有的溶剂排除掉。

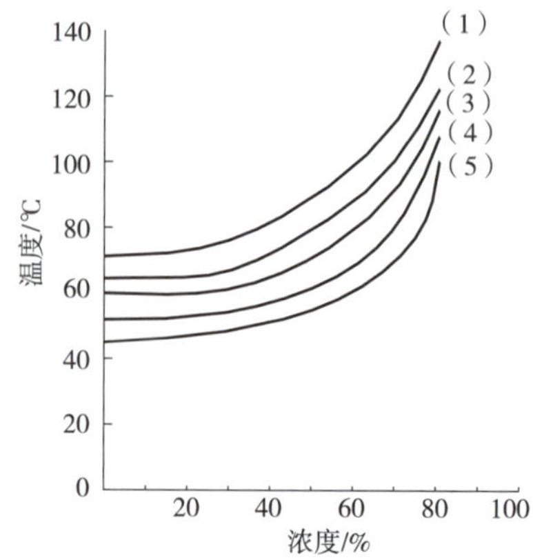

（1）0.10MPa （2）-0.08MPa （3）-0.07MPa （4）-0.05MPa （5）-0.03MPa

图 3-13 不同压力条件下混合油浓度与沸点的关系

任务实施

识读混合油处理中控界面（图 3-12），标注蒸发器、汽提塔及物料名称，将工艺流程图转化为方框图。

知识链接

混合油处理的基本原理

混合油处理工艺微课

一、混合油处理工艺

利用过滤、沉降等方法先将混合油中的固体粕末分离；再根据溶剂和油脂沸点的差别，对混合油进行蒸发、汽提，将低沸点易挥发的溶剂转变为溶剂蒸气，使它与高沸点实际上不挥发的油分离。在混合油蒸发和汽提过程中应尽量保持在较低温度和较短时间将溶剂从混合油中充分地被蒸发出去，以避免对油脂伴随物的不良影响，提高浸出原油质量。同时，还要减少混合油处理过程的热量消耗及提高设备的生产能力。

二、混合油净化

混合油中通常含有少量（0.4%~1.0%）的固体悬浮粕末。粕末含量与浸料坯的结构性能、浸出器的结构型式及操作条件有关。混合油中粕末的存在，易造成混合油蒸发过程产生泡沫，致使溶剂蒸气中夹带油脂进入蒸发冷凝系统，致使浸出后粕残油升高。此外，粕末易在蒸发器和汽提塔的加热表面结垢，影响传热。同时粕末中物质的受热分解和性质变化，降低了原油的质量。因此，必须在混合油蒸发和汽提之前先对混合油进行净化，将其中的粕末除去。常用的混合油净化方法有过滤、离心分离和重力沉降。

三、盐水沉降

盐水沉降，需要先在混合油罐内加入质量浓度为50g/L左右的盐水，盐水层高度为300~400mm。混合油进入后先通过盐水层，吸收盐水后的粕末较快地沉降至罐的底部，定期随废盐水排出。盐水应根据其中的杂质量经常更换，排出的废液要送往蒸水罐内进行蒸煮，以便回收溶剂。混合油出口管的位置一定要高于盐水层液面。

大豆混合油净化微课

四、混合油的预热

进入蒸发器之前的混合油，可在加热器或热交换器中预热至适于蒸发的温度，这有利于提高蒸发设备的工作效率，同时利于热量利用。

在采用各种形式的浸出工艺流程中，混合油预热方式也不同。有的工艺中利用蒸脱机排出的溶剂蒸气和水蒸气的混合蒸气来加热混合油。有的工艺利用从汽提塔出来的高温原油来加热混合油，还有的利用真空蒸汽喷射泵的乏汽来加热混合油。这些方式都有利于浸出生产中余热的利用。在混合油进入第二次蒸发和汽提之前，同样也可在列管式热交换器中利用热的浸出原油对其进行加热。

五、混合油蒸发

混合油蒸发是利用间接蒸汽加热混合油，使其达到沸点，溶剂汽化，混合油得到浓缩的过程。混合油沸点随操作压力的降低而降低，随混合油浓度的增加而升高。因此，混合油蒸发在负压条件下进行，可以降低混合油的沸点，降低蒸发温度有利于油脂质量的提高。但是无论常压蒸发或是负压蒸发，单靠蒸发来彻底地脱除混合油中的溶剂是不可行的。因为随着混合油浓度的提高，混合油的沸点增加，尤其是混合油达到一定浓度后，沸点急剧上升，这将导致油脂以及油脂伴随物不良的热反应，造成油脂质量的下降。因此，在蒸发操作混合油浓度达到一定时，还需对混合油进行水蒸气蒸馏，进一步脱除溶剂。

大豆混合油蒸发微课

六、混合油汽提

混合油汽提也称为混合油水蒸气蒸馏，即在加热的混合油中通入直接蒸汽，以降低混合油液面上溶剂蒸气的浓度，也降低了溶剂蒸气的分压，从而降低了混合油的沸点，保证了在较低温度下脱除混合油中残留溶剂。混合油中直接蒸汽的引入，提高了在液相和气相之间接触的表面积，促使溶剂蒸气更容易被带出，同时将混合油中夹带的部分易挥发组分蒸馏出去。在混合油汽提时，真空的应用能够更进一步地降低混合油的沸点，并减少直接蒸汽的用量。经过混合油蒸发和汽提，溶剂脱除是否彻底，可通过测定浸出原油中的残溶量来确定，要求浸出原油的残留溶剂量在 0.05%以下。生产上有时也根据浸出原油的闪点来控制。

对于混合油中溶剂脱除的过程，可以粗略地用图 3-14 所示的曲线来表示。图中的第Ⅰ部分为混合油蒸发阶段，一般由采用间接蒸汽加热的第一、第二长管蒸发器来进行；第Ⅱ部分为混合油汽提阶段，一般由采用间接蒸汽加热，水蒸气蒸馏的汽提塔来进行；而第Ⅲ部分为脱除残溶阶段，一般在浸出原油通过必要的精炼后，由高真空下（真空度 293.3kPa）的水蒸气蒸馏操作来完成。最终食用成品油的溶剂（己烷类）残余量在安全食用范围（0.05%）内。

混合油汽提微课

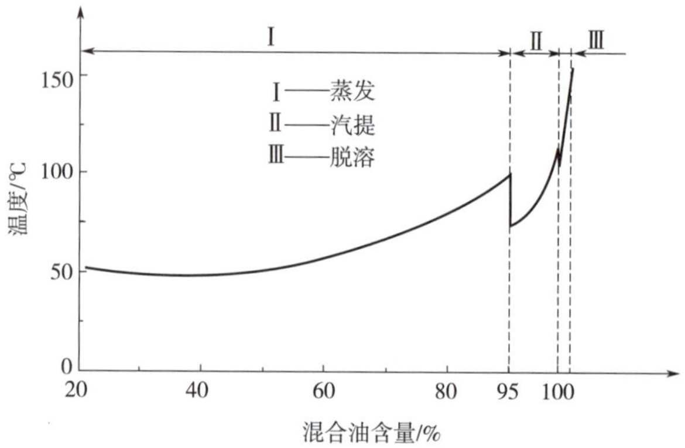

图 3-14　混合油中脱除溶剂全过程的基本情况

子任务二　混合油处理核心设备认知

引导问题 1：根据设备结构（图 3-15）及设备动画，写出混合油预处理工段设备名称及辅助功能。

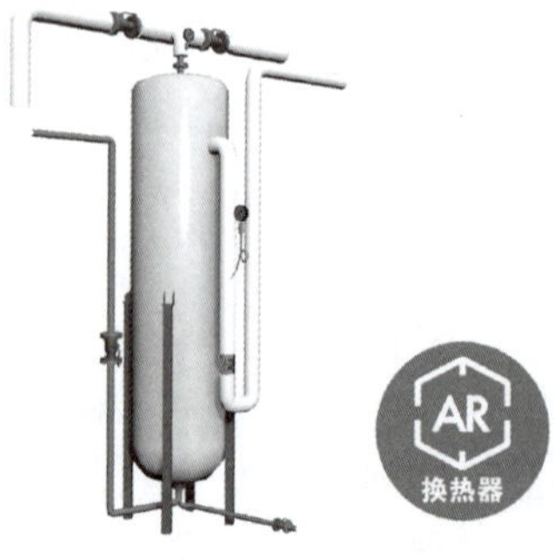

图 3-15　换热器

混合油罐动画演示　　悬液分离器动画演示　　连续式过滤器动画演示

引导问题 2： 填写长管蒸发器（图 3-16）部件名称。

长管蒸发器动画演示工作过程——第一闪发箱

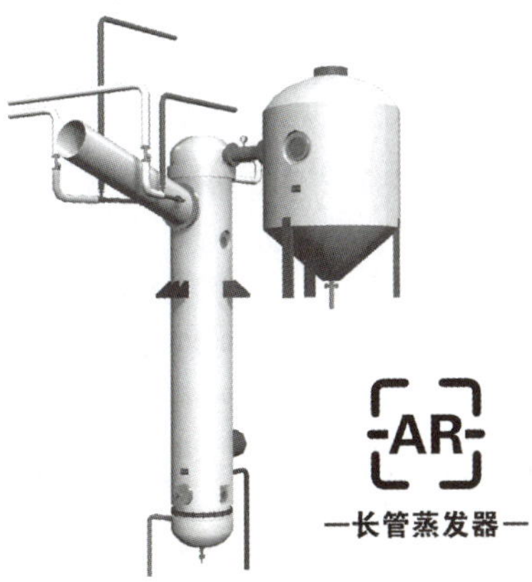

图 3-16　长管蒸发器

长管蒸发器动画演示工作过程——第一蒸发器

引导问题 3： 填写汽提塔（图 3-17）部件名称。

汽提塔动画演示工作过程

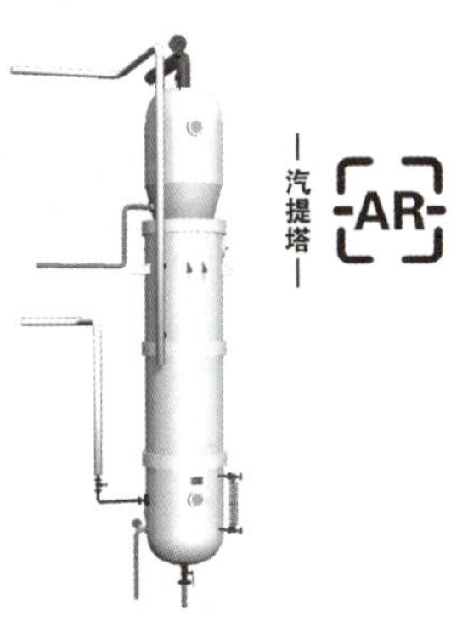

图 3-17　汽提塔

任务实施

填写表 3-15 混合油处理核心设备标识卡。

表 3-15　　混合油处理核心设备标识卡

<table>
<tr><td>设备 1</td><td>蒸发器</td><td>设备分级</td><td></td><td rowspan="2">颜色状态</td><td rowspan="2"></td></tr>
<tr><td>规格型号</td><td></td><td>生产厂家</td><td></td></tr>
<tr><td colspan="6">设备描述</td></tr>
<tr><td>设备作用</td><td colspan="5"></td></tr>
<tr><td>控制参数</td><td colspan="5"></td></tr>
<tr><td>注意事项</td><td colspan="5"></td></tr>
<tr><td>危险因素</td><td colspan="5"></td></tr>
<tr><td>设备 2</td><td>汽提塔</td><td>设备分级</td><td></td><td rowspan="2">颜色状态</td><td rowspan="2"></td></tr>
<tr><td>规格型号</td><td></td><td>生产厂家</td><td></td></tr>
<tr><td colspan="6">设备描述</td></tr>
<tr><td>设备作用</td><td colspan="5"></td></tr>
<tr><td>控制参数</td><td colspan="5"></td></tr>
<tr><td>注意事项</td><td colspan="5"></td></tr>
<tr><td>危险因素</td><td colspan="5"></td></tr>
<tr><td rowspan="2">状态色标</td><td>红</td><td>橙</td><td colspan="2">黄</td><td>绿</td></tr>
<tr><td>重点关注</td><td>次重点关注</td><td colspan="2">一般关注</td><td>轻微关注</td></tr>
</table>

知识链接

混合油预处理核心设备结构及工作过程

一、蒸发器的结构及工作原理

国内外目前使用的混合油蒸发设备主要是液膜蒸发器，液膜蒸发器可分为升膜式和降膜式两种，国内几乎都采用升膜式蒸发器。由于升膜式蒸发器的加热管较长，故通常称之为长管蒸发器。

混合油蒸发大多采用二次连续蒸发工艺，其所用的长管蒸发器相应地称为第一长管蒸发器和第二长管蒸发器，两者的结构基本相同，其加热面积根据工艺需要而定。

长管蒸发器由蒸发器和分离器两部分组成。有的长管蒸发器是将分离器直接安装在蒸发器的顶部，形成一个整体。

1. 蒸发器

蒸发器即列管式换热器，它由外壳、内部直立排列的若干列管、两端的管板以及封头等零部件组成。列管的两端通常用焊接法固定在管板上，蒸发器的上部有溶剂蒸气和混合油的出口，下封头设置有混合油进口管及放空管，此外，壳体上焊有间接蒸汽进口管、冷凝水出口管和压力表接管等。

2. 分离器

它的进口管成切线方向与蒸发器的溶剂蒸气和混合油出口管相连。分离器的内腔由一固定的圆环状挡板分为上下两层，上层装有若干块倾斜挡板，其挡板除最上面一块（称为顶板）为完整的圆片外，其余的均为中空的环状板。挡板之间有一定间隙，呈5°左右的斜度，用螺栓固定在中间的固定挡板上。固定挡板上还设有滴液管；分离器的下层为一空圆筒，起离心分离作用。分离器的顶部是溶剂蒸气出口，底部为混合油出口。此外，有的还设有检查孔、视镜、照明灯等。

工作时，从蒸发器来的溶剂蒸气和混合油的混合物沿切线方向进入分离器的下层，形成螺旋向下的旋流，液体混合油受到离心力作用移向器壁，沿器壁旋流下降；溶剂蒸气夹带少量未被分离出来的混合油则形成螺旋向上的旋流，由环状固定板的开口冲入上部的挡板分离层。在此，由于受到顶板的阻挡，其内的混合油被留下，溶剂蒸气则转向从挡板间隙穿过，分离出混合油后由分离器顶部出口排出。挡板上的混合油经滴液管流下，与下层分离出的混合油一起从底部混合油出口排出。

二、汽提塔的结构及工作原理

1. 混合油汽提的原理

混合油的沸点随其浓度的增大而升高，当浓度为90%~95%时，常压下的沸点高达130℃，且随浓度的增加其沸点还将迅速升高，即使是在高真空条件下也还是相当高的。此时，如再用蒸发的方法来分离混合油中的残留溶剂，已十分困难。再者，因操作温度的升高，油脂的质量也会受到很大的影响。所以对于混合油中残留溶剂的去除，需改用汽提的方法来进行。

汽提即水蒸气蒸馏，其基本原理是道尔顿定律和拉乌尔定律。当向混合油中通入直接蒸汽，使混合油液面上部空间的水蒸气分压和溶剂蒸气分压之和等于外界压力时，混合油就会沸腾，此时，混合油的沸点较任一组分的沸点都低，从而使浓度较高的混合油沸点大大降低，这样溶剂分子即可在较低的温度下，以沸腾状态从混合油中扩散（分离）出来，达到汽提的工艺要求。倘若混合油汽提能在真空条件下进行，则混合油的沸点还会进一步降低，汽提效果会更佳。

2. 层碟式汽提塔的结构

混合油汽提设备的种类较多，目前普遍采用的是层碟式汽提塔，在小型浸出油厂也有采用管式汽提塔的。

层碟式汽提塔有单段和双段之分，现介绍一种常用的双段层碟式汽提塔，它主要由顶盖、上塔体、中塔体、下塔体及底部等零部件组成。

在层碟式汽提塔的上塔体和下塔体的内部各装有6~9组碟盘，每组碟盘由溢流盘、锥形分配盘和环形承接盘组成。塔体外围有间接蒸汽加热夹套，上、下塔体夹套用联通管接通。中塔体和底部还设有集油盘，它通过导流管与中心管接通，而中心管下部又与直接蒸汽管相接，并装有喷嘴。此外，塔体顶盖有混合气体出口，上塔体有混合油进口管，塔体底部有毛油排出口。

层碟式汽提塔工作时，浓混合油从上塔体进口管进入，首先充满第一组碟盘的溢流盘，自溢流盘流出的浓混合油在锥形分配盘的表面上形成很薄的液膜向下流动，由环形承接盘承接后流至第二组碟盘的溢流盘；再溢流分布成薄膜状向下流动，混合油就是这样自上而下淋成液幕。同时，直接蒸汽与溶剂组成的混合气体自下而上穿行，与层层液幕逆向接触，从而将混合油中的溶剂汽提出来。

子任务三　混合油处理仿真系统操作

引导问题 1：在混合油蒸发和汽提过程中，工艺条件如温度、时间、直接蒸汽质量等都会对油脂（甘油三酯）本身，特别是对油脂伴随物产生不同程度的影响。油脂的酸值稍有（　　）。还原糖与磷脂在油脂液体中的化学性相互作用，以及形成黑色磷脂。这都将使原油的色泽（　　）。

A. 增加　变浅　　　　B. 增加　变深

C. 减小　变浅　　　　D. 减小　变深

引导问题 2：混合油处理仿真系统中哪些参数是控制参数，哪些参数是调节参数？

____

____

____

任务实施

在混合油处理仿真系统中设置主要的工艺参数，并在表3-16填写主要参数控制范围。

表 3-16　　混合油处理主要参数控制范围

序号	部位	控制范围	备注

知识链接

混合油蒸发工艺

一、常压蒸发工艺

较好的混合油蒸发工艺流程，是首先利用余热将冷的混合油加热，并在分离器中分离已汽化的溶剂蒸气。然后再将部分已蒸浓的混合油通过长管蒸发器进一步蒸发。

图 3-18 是国内小型浸出油厂采用的混合油常压蒸发、汽提的工艺流程。混合油在进入第一蒸发器之前往往先预热至 55℃，这样可以提高蒸发效率，同时也可以利用生产中二次蒸汽的余热进行热交换。第一次蒸发后混合油浓度从 20%~25%提高至 65%~70%，然后进入第二蒸发器。经第二次蒸发后混合油浓度为 85%~95%。之后，混合油再次进入汽提塔中脱除残留溶剂，使浸出原油的总挥发物含量降至 0. 3%。

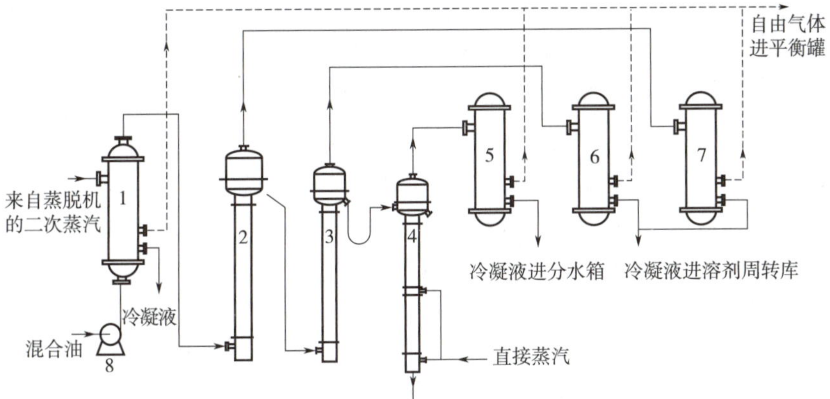

1—混合油加热器　2—第一蒸发器　3—第二蒸发器　4—汽提塔
5—汽提冷凝器　6—第二蒸发冷凝器　7—第一蒸发冷凝器　8—混合油泵

图 3-18　混合油常压蒸发、汽提的工艺流程

二、全负压蒸发工艺

全负压蒸发工艺是指一蒸、二蒸和汽提全部在负压状态下进行。此工艺不仅要考虑节能，而且要考虑提高原油质量。图 3-19 是混合油负压蒸发工艺中的一种形式。

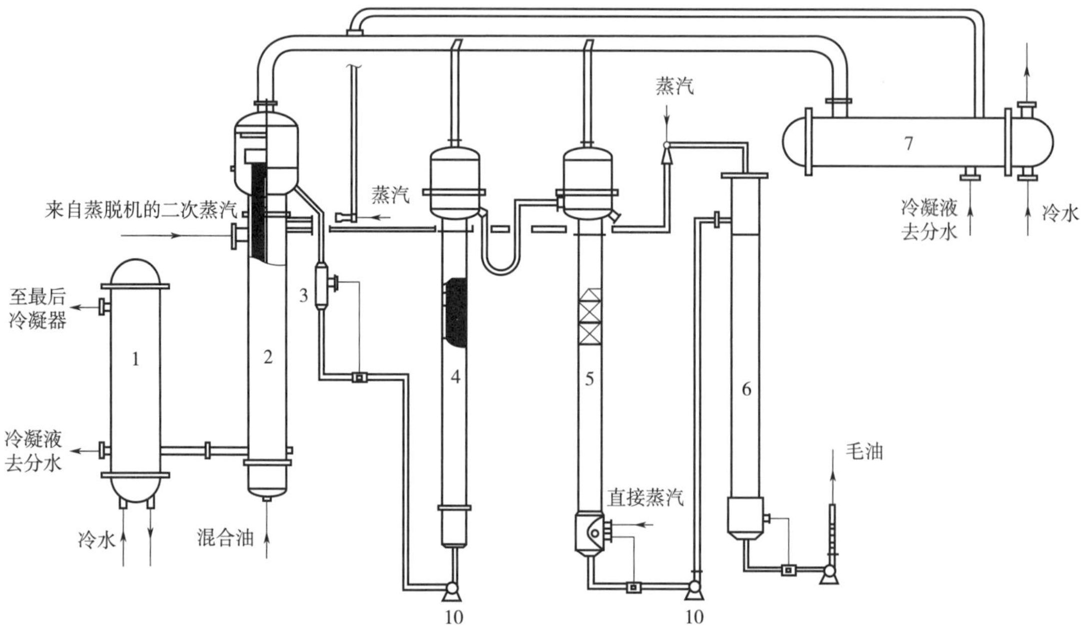

1—蒸脱冷凝器　2—第一蒸发器　3—液位浮球控制阀
4—第二蒸发器　5—汽提塔　6—原油干燥器　7—蒸发冷凝器

图 3-19　混合油负压蒸发工艺

混合油从底部进入第一蒸发器，除去大部分的溶剂后，经液位浮球控制阀进入第二蒸发器，再经汽提塔除去油中残余的溶剂。如生产能力较大，还可增加一台原油干燥器。浓度为 26%的混合油，经第一蒸发器蒸发后混合油浓度提高到 70%～75%，经第二蒸发器蒸发后为 90%～95%，而从汽提塔出来的原油已基本无溶剂味。从第一、第二蒸发器及汽提塔分离器逸出的溶剂及水蒸气的混合蒸气由一总管导入蒸发冷凝器内，因此蒸发冷凝器要设计得大些，使冷凝液的温度降到 35℃左右。

第一蒸发器的加热热源有：来自 DT 蒸脱机的混合蒸气；来自抽取蒸发冷凝器所用的蒸汽真空喷射器的蒸汽（如设有油干燥器，其配备的蒸汽真空喷射器的蒸汽也进入第一蒸发器）。蒸发和汽提的真空度均为 66.7kPa，油干燥器的真空度则为 40kPa。在真空度为 66.7kPa 时，第一蒸发器的蒸发温度只有 50℃，而从 DT 蒸脱机导入的二次蒸汽温度为 80℃，因此有 30℃的温度差，足够将大量的溶剂蒸出。蒸脱机混合蒸汽对第一蒸发器加热后，一部分冷凝液去分水器，另一部分未冷凝的混合气体再次进入蒸脱冷凝器，使其全部冷凝，再去分水器进行分水。蒸脱冷凝器的自由气体，则经最后冷凝器再进入矿物油回收系统。

必须注意，蒸发冷凝器的冷却水温度要尽量低（24℃以下），才能保持蒸发器及汽提塔内需要的真空度。否则，真空度将下降，影响蒸发及汽提的效率。

全负压蒸发工艺所获得的浸出原油残溶低、过氧化值低、色泽浅、磷脂含量低且非水化磷脂含量少。这样的浸出原油更有利于提高精炼得率。

上述工艺的缺点是混合油蒸发、汽提的操作压力没有分级，不是节能最佳方案。目前，在大规模的浸出生产中采用更先进合理的全负压分级蒸发工艺，如图 3-20 所示。从图 3-20 可知，混合油蒸发采用较低的真空度（52~66kPa），混合油汽提采用较高真空度（80~90kPa）。这种工艺对于充分节能、保证生产运行的稳定、保证脱溶效果和原油质量以及整个浸出生产溶剂损耗的降低都是非常有利的。

负压蒸发、汽提工艺微课

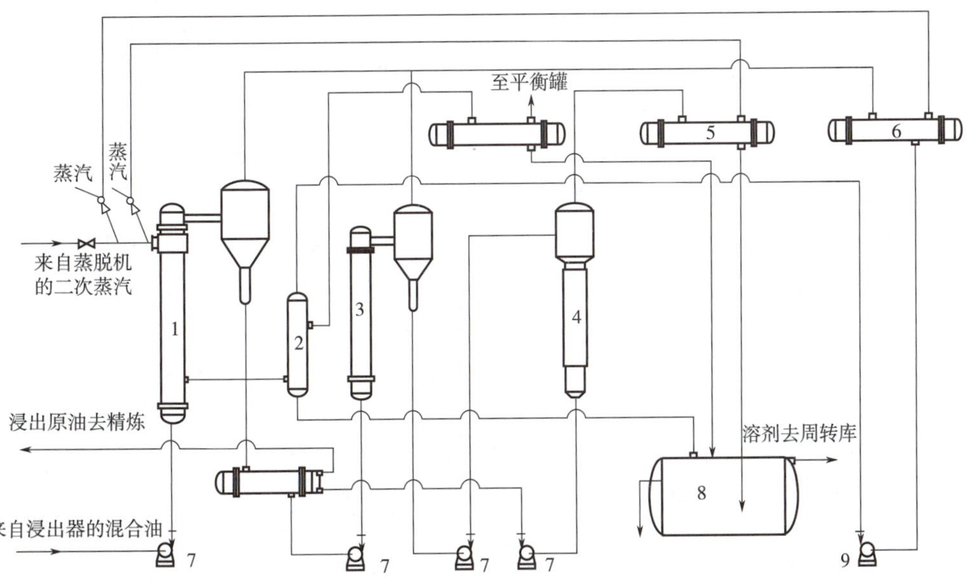

1—第一蒸发器　2—节能器　3—第二蒸发器　4—汽提塔　5—汽提冷凝器
6—蒸发冷凝器　7—混合油泵　8—分水箱　9—冷凝液泵

图 3-20　全负压分级蒸发工艺流程

混合油负压蒸发，是根据混合油的沸点随系统压力的降低而下降的原理，利用真空设备使蒸发器内形成一定的负压，从而在较低的操作温度下完成混合油蒸发的工艺过程。由于负压蒸发可降低操作温度，这就为利用车间内产生的二次蒸汽的热能创造了有利条件，这样负压蒸发即可和余热利用联系在一起。

三、负压蒸发工艺要求

1. 正确选择系统负压与加热介质

正确选择和控制好蒸发系统负压值（真空度）是负压蒸发的关键问题，在选择真空度时，应综合考虑真空度大小对二次蒸汽热能利用的可能性及利用程度、获得真空所需能源消耗以及对原油质量方面的影响等因素。

二蒸的操作温度较高，常用水蒸气作为热源加热，其系统操作压力的选择常有两种方案，一种是采用一蒸相同的真空度，另一种是常压操作。这两种方案各有利弊，前一种方案操作温度低，有利于保证原油质量；后一种操作温度高，但不需要抽真空的能耗及相关设备，同时也有利于降低汽提的热负荷。

2. 选用合适的真空设备

在混合油负压蒸发工艺中，为了减少真空设备的负荷，蒸发器内所需的负压，通常是由连接在蒸发冷凝器后的真空设备来获得的。常用的真空设备为蒸汽喷射真空泵和水环式真空泵。蒸汽喷射真空泵体积小，结构简单，维修容易，以饱和蒸汽为动力，且使用后的乏汽仍可以作为热源，因而得到广泛使用。水环式真空泵以电为动力，因而不受蒸汽压力波动的影响，所形成的真空度稳定，也被一些厂家所采用。

3. 保证蒸汽质量，确保冷凝效果

锅炉供给的蒸汽压力稳定与否，将直接影响蒸汽喷射泵内蒸汽流速，进而影响混合油蒸发系统负压的稳定性。为保证负压蒸发工艺效果，要求锅炉供气稳定，且供汽压力一般不低于 0.5MPa。此外，冷凝效果的好坏，也关系到负压蒸发工艺的效果。若冷凝效果不好，系统内未被冷凝的溶剂气体量大，则真空设备负荷大，导致抽真空能耗增加，而且难以形成所需要的负压。

4. 确保常压与负压设备间的管路联接

在混合油负压蒸发工艺中，有些设备在常压下工作，如混合油罐、车间溶剂周转罐、分水器等；而有些设备在负压下工作，如一蒸、二蒸及与之相连的冷凝器等。在此工艺中应确保常压设备与负压设备间的联接，以保持各设备的正常工作压力状态，以及液体物料（混合油、冷凝器的冷凝液）稳定畅通流动。液体物料从常压设备进入真空设备时，通常可采用自吸的过渡联接方式，如图 3-20 中混合油从混合油罐进入一蒸的联接；液体物料从负压设备进入常压设备时，可以自流和用泵过渡两种方式：采用自流方式（如图 3-20 中冷凝液从一蒸冷凝器流入溶剂周转库）时，应根据真空度大小设置足够的液位差，同时还应设置液封以防泄压，液封可由流液管插入常压设备液面以下足够的深度来获得，也可以采用 U 形连通管过渡联接来获得；如设备安装高度差小，不能采用自流方式联接时，则通常采用泵来过渡联接。

四、负压蒸发的工艺效果

1. 节能效果显著

由于混合油负压蒸发都伴随着二次蒸汽热能利用，因而可大大节省加热蒸汽的耗用量；负压蒸发在较低温度下操作，蒸发所产生的溶剂蒸气温度也较低。此外，被利用热能后的二次蒸汽在冷凝冷却前交换了大部分热量，这两者都使溶剂蒸气冷凝系统的负荷大为降低，因而可节省大量的冷却水，冷却水泵的电耗也可降低。可见，混合油负压蒸发工艺能节约能源。

2. 油品质量提高

负压蒸发在真空下进行，且操作温度较低，因而可有效防止油脂氧化，所得原油的酸价、过氧化值较低，色泽也较浅，从而有利于提高原油质量。

3. 冷凝面积减小

如前所述，负压蒸发与常压蒸发工艺相比，可降低冷凝系统的负荷，这样冷凝系统的冷凝面积则可小些，因而可节省冷凝设备的投资。

4. 溶耗降低，利于安全生产

由于混合油在负压蒸发时，系统内呈负压状态，可有效地防止溶剂的跑、冒、滴、漏，从而降低溶剂损耗；因设备渗漏减少，也有利于保证浸出车间的生产安全和操作人员的身体健康。

子任务四　混合油处理生产质量控制

引导问题 1： 混合油经过蒸发和汽提，所得浸出原油的残溶应到__________指标。

引导问题 2： 混合油生产中发现蒸发器和汽提塔中操作压力升高，就可能出现蒸发器出口混合油浓度__________，汽提后原油残溶__________等不正常现象。

任务实施

一、浓混合油进入一长、二长后不升膜

混合油蒸发系统是将浓混合油分离成原油与溶剂的过程。在过程的操作及运行中常会遇到浓混合油进入一长、二长后不升膜。

故障 1： 冷混合油进入长管蒸发器后，离沸腾的温度较远。请提出相应的处理措施。

处理措施：

____

____

____

故障 2：蒸汽的压力偏小。请提出相应的处理措施。

处理措施：

故障 3：长管内结垢过多。请提出相应的处理措施。

处理措施：

故障 4：一蒸过来的混合油浓度偏高。请提出相应的处理措施。

处理措施：

知识链接

混合油处理设备的常见故障及处理方法

混合油处理工序一般存在的问题及采取的措施

一、一般存在的问题

1. 混合油预处理效果差

主要是混合油盐析时未能将混合油中残存的粕末、胶质等悬浮物质有效去除，主要原因有以下几点。

①前道混合油过滤效果差，致使混合油中悬浮杂质量偏多。

②盐水浓度偏低，盐析效果欠佳。

③沉降时间短，未能使胶质等全部沉降下来。

2. 混合油蒸发时有“液泛”现象

混合油蒸发时的“液泛”又称为“翻罐”，是指混合油在蒸发过程中产生大量泡沫，并随溶剂蒸气一起涌入冷凝器的现象。由于液泛所产生的泡沫中夹带有大量的混合油，故经冷凝器冷凝下来的溶剂中必然含有油脂，给后续溶剂的循环使用带来不利影响。产生液泛的主要原因有以下几点。

①混合油除杂效果不好，进入蒸发器中的混合油中的水分、粕末、糖类以及磷脂等杂质含量比较高。

②混合油在蒸发器内的液位过高。

3. 汽提时有“液泛”现象

汽提塔发生液泛后，会使冷凝液中含有油脂，导致分水箱中溶液乳化等不良后果。造成汽提过程液泛的主要原因有以下几点。

①混合油除杂效果不佳，进入汽提塔时尚有一定量的粕末、糖类、磷脂以及水分等杂质。

②蒸发器工作效果不佳，进入汽提塔的混合油浓度和温度偏低，汽提时会使直接蒸汽冷凝，大量的水进入混合油而造成液泛。

③汽提塔内部结垢严重，传热效果不佳，加之使用的间接蒸汽压力太低，用量太少，不足以对汽提塔保温和适当加热提供足够的热量，从而使直接蒸汽凝结成水进入混合油中，引起液泛现象。

④汽提塔开车时，在混合油进塔之前，未将塔内积水清除干净。

⑤直接蒸汽质量不好，没有过热，甚至含水，汽提时水进入混合油中而引起液泛现象。

⑥直接蒸汽压力太大，流速太高，也容易引起汽提塔液泛。

4. 浸出原油残溶超标

造成浸出原油残溶超标的主要原因有以下几点。

①浸出过程中混合油浓度太低，致使混合油处理过程中负荷过大，超出工艺要求。

②混合油蒸发过程中第一、第二蒸发器的蒸发强度控制不当，致使蒸发器的出口混合油浓度偏低。

③汽提工艺效果差或负荷过大。

二、工艺调整方案

（1）如系混合油预处理工艺效果差，致使混合油蒸发、汽提效果不理想，甚至在处理过程发生“液泛”现象，则应对混合油预处理工艺进行调整。主要的调整项目有以下几点。

①根据不同的浸出原料，调节浸出器下部的混合油初滤网的规格，以保证除去混合油中粕末的效果。

②对于离心分离粕末的设备，注意调节混合油进口压力和流量的大小，以保证分离效果。

③调节混合油罐的盐水层高度，使其在400~500mm，以保证让磷脂、蛋白质等胶质能充分吸水膨胀而去除。对盐水要定期更换，质量浓度应控制在50g/L左右。此外，还要调节混合油在暂存罐中的液位，使其达到保证蒸发器恒位的要求。

（2）调整蒸发和汽提操作。如是操作原因致使混合油处理工艺效果不理想，则要注意调节一蒸和二蒸的蒸汽压力及流量，使混合油的进出口温度和浓度符合工艺要求。对汽提塔则应在混合油进入塔内之前，清除塔内积水，同时要保证直接蒸汽质量，最好用过热蒸汽作为直接蒸汽。此外，对蒸发和汽提设备还要定期清除塔内结垢，以保证传热效果。

（3）调整蒸发和汽提工艺及设备。有的浸出工厂为提高经济效益，往往通过各种手段来提高浸出器的处理能力。结果是由于浸出处理量增大，混合油的量也相应增大，如仍采用原有的混合油处理设备，则往往使工艺效果达不到要求，这时则需要严格控制工艺条件，充分发挥原有设备的潜力；如仍不理想，则需要调整混合油蒸发与汽提的工艺和设备，具体可结合大修，更换已老化或处理能力偏小的设备，使之符合工艺要求。

二、中控系统异常现象案例分析

故障1：混合油盐析时未能将混合油中残存的粕末、胶质等悬浮物质有效去除，请指出中控室参数变化情况，分析可能的原因，并提出相应的处理措施。

原因分析：

____

____

____

处理措施：

____

____

____

故障2：混合油蒸发时有“液泛”现象，请指出中控室参数变化情况，分析可能的原因，并提出相应的处理措施。

原因分析：

____

____

____

处理措施：

____

____

____

故障3：汽提工艺效果差或负荷过大，请指出中控室参数变化情况，分析可能的原因，并提出相应的处理措施。

原因分析：

处理措施：

知识链接

混合油处理的影响因素

一、影响混合油蒸发的因素

1. 混合油状况的调控

（1）混合油的含杂量　混合油中含有的粕末及胶杂在进入蒸发器之前应尽量去除，一般要求其固体粕末含量控制在 0.02%以下。若杂质过多，则在混合油蒸发时，会在蒸发器管壁上形成垢层，降低传热效果，并加深油脂色泽，影响油品质量。此外，还会产生大量泡沫，引起液泛现象，使蒸发过程难以维持正常状态。

混合油蒸发影响因素微课

（2）混合油温度　混合油进入长管蒸发器的温度，以接近混合油的沸点为好。如果进料温度过低，混合油进入蒸发器略经加热后不能立即沸腾，就使得蒸发器内预热段延长，从而影响蒸发效果；如果进料温度过高，进蒸发器时就已沸腾，则容易造成气阻，不利于混合油进入，也不利于形成液体薄膜，导致管内过热蒸发段的过早出现而不利于蒸发。因此，在蒸发前将混合油预热，可用蒸发、汽提或蒸烘机的二次蒸汽作为热源，既可节省间接蒸汽的消耗，又可提高工艺效果。

混合油蒸发的操作温度要根据工艺要求来控制，一般不宜过高，否则会使油色加深，影响产品质量。在保证蒸发效果的前提下，应尽量降低混合油蒸发的操作温度。一般要求一蒸混合油出口温度为 80~85℃，二蒸出口温度为 95~100℃。

（3）混合油浓度　进入第一长管蒸发器的混合油浓度需要高一些，这样可以减轻设备负荷，降低水蒸气消耗。但此浓度主要取决于浸出工序的生产操作情况。

一蒸、二蒸出口的混合油浓度控制应适当。浓度过低会达不到工艺要求；一蒸的混合油出口浓度过高，会使二蒸列管内混合油升膜困难，甚至蒸不上去，使蒸发操作无法正常进行。若二蒸出口浓度高，其操作温度必然要高，这对原油品质不利。因此，蒸发器出口浓度应按工艺要求控制。

（4）混合油在蒸发器内的液面高度　混合油在蒸发器内的液面若太低，混合油无法在蒸发器的列管内得到充分预热，给升膜造成困难，使蒸发操作不能正常进行；若混合油的液面过高，既会使预热段过长，又会缩短沸腾段的长度，加热管利用不充分，且易引起液泛现象，同样不利于蒸发的正常进行。根据生产实践，液面控制在列管高度的1/4处较为适宜。

（5）混合油流量　混合油流量应与车间生产能力相匹配。若混合油流量过小，则达不到生产能力的要求而影响整个车间的生产能力；若混合油流量过大，则会因混合油供应不上，使得蒸发操作不能连续进行，若流量大到超过蒸发或冷凝设备的生产能力时，则会严重影响蒸发和冷凝的工艺效果，导致溶耗增加，原油质量达不到要求。

2. 水蒸气状况的调控

混合油蒸发所需的热量是由水蒸气供给的，蒸汽压力的高低将直接影响蒸发效果。若蒸汽压力太低，即蒸汽温度太低，就满足不了混合油蒸发所需要的热量，蒸发操作将无法进行；反之，若蒸汽压力太高，即蒸汽温度太高，势必会因操作温度高而影响油品质量。此外，水蒸气中的含水情况也会对蒸发过程中的传热带来一定的影响。因此，间接蒸汽在进蒸发器之前要经过分水，其压力控制应适当，通常为0.2~0.4MPa，且二蒸的间接蒸汽压力要比一蒸高一些，实践操作中应根据各蒸发器出口混合油浓度的情况来控制。

3. 设备结构对混合油蒸发的影响

设备结构主要是指蒸发器内加热管的直径和长度。在加热面积足够的情况下（一般要求一蒸、二蒸的加热面积为0.325~0.500m^2/t料），加热管长度与管径之比（简称长径比）大，则管内截面积相对就小，汽液在其内流速高，有利于混合油在其内形成液膜，因而传热系数大，蒸发效果好。若长径比太大，加热管内易出现干壁现象，不利于提高蒸发效果；反之，长径比小，汽液流动速度低，不易形成液膜，蒸发效果不好。因此，长径比应合适，国内目前使用的长管蒸发器的长径比一般为160~200。

二、影响混合油汽提的因素

1. 混合油的温度

温度主要是指汽提塔的混合油进口温度和汽提后原油的出口温度。汽提塔的混合油进口温度通常取决于二蒸的混合油出口温度，而二蒸混合油出口温度一般在95~100℃。为此，汽提的混合油进口温度要求维持在90~100℃为好。具体来讲，生产的油料不同，进入汽提设备的混合油温度也应有所区别，对棉籽、大豆、亚麻籽等的混合油，要求进口温度不超过

90℃；而对花生仁、葵花籽、油菜籽、玉米胚芽等的混合油进口温度不超过 100℃。如温度太高，则对油脂质量有影响；反之，若温度太低，则会使直接蒸汽冷凝，冷凝水进入油中又会造成磷脂等物质吸水膨胀，而引起液泛现象，使汽提操作无法顺利进行。

至于汽提后原油的出口温度，一般控制在 110~115℃。原油出口温度过高，不仅影响油品质量，且使热能消耗增大；原油出口温度过低，则会使浸出毛油的总挥发物含量超标，不仅增加溶耗，且带来不安全因素。

2. 混合油的浓度

混合油浓度是指汽提前的混合油浓度和汽提后浸出原油中残溶量(0.01%以下)。进入汽提塔的混合油浓度要求为 90%~95%，若混合油浓度低于 90%，则汽提设备的负荷加重，往往导致浸出原油达不到汽提后的质量要求；若浓度超过 95%，势必提高二蒸的操作温度，不利于油品质量的提高，同时汽提塔也不能得到充分地利用。

3. 水蒸气状况

汽提操作使用的水蒸气有间接蒸汽和直接蒸汽。间接蒸汽在这里的主要作用是对混合油进行适当的加热和保温，以保证汽提操作的正常进行。所以对间接蒸汽的质量要求不高，一般采用 0.4MPa 饱和水蒸气即可。对于直接蒸汽，因汽提操作中要与混合油相接触，故对其质量要求较高，直接蒸汽应纯净，其压力一般控制在 0.05MPa 左右，层碟式汽提塔下塔体的直接蒸汽压力根据需要也可达 0.1MPa。有条件的话，采用经过热处理的直接蒸汽则汽提效果更佳。

4. 设备结构

汽提设备的结构决定混合油和直接蒸汽在设备内的流动接触状况，这两者接触状况的好坏直接影响到汽提的工艺效果。管式汽提塔内混合油与直接蒸汽是自下而上的顺流，则汽提管内有无加填料，其内径大小、长度以及直接蒸汽喷嘴是否畅通都将在很大程度上影响汽提效果；而层碟式汽提塔内的气液两相为逆流，其中混合油是自上而下流动，直接蒸汽是自下而上流动，两相接触的好坏主要取决于碟盘制造和安装质量（安装是否水平和同心），以及结垢情况等。

此外，汽提塔的间接蒸汽传热面积大小及保温情况对汽提效果也有一定的影响，过大会造成不必要的浪费；过小，则会导致塔内水蒸气冷凝而影响汽提效果。

任务评价

混合油处理学习任务评价表见表 3-17。

表 3-17　　混合油处理学习任务评价表

班级：　　　　姓名：　　　　学号：

评价项目		评价标准	分值	评价			综合得分
				自评	互评	师评	
职业素养 15%	日常考勤	学习态度端正，无无故缺勤、迟到、早退现象	5				
	工作规范	严格遵守操作规程，精益求精、安全生产	5				
	团队合作	团队协作，分工明确，沟通良好	3				
	车间整理	工具、设备及时归位；保证车间清洁	2				
专业能力 65%	子任务一 混合油处理工艺流程图识读	将混合油处理工艺流程图转化为相应的方框图	10				
		准确指出混合油处理涉及的主要设备各部分的结构	5				
	子任务二 混合油处理核心设备认知	正确填写蒸发器设备标识卡	5				
		正确填写汽提塔设备标识卡	5				
	子任务三 混合油处理仿真系统操作	利用混合油处理仿真系统准确设置相关参数	10				
		正确填写混合油处理工艺相关参数的控制范围	10				
	子任务四 混合油处理生产质量控制	准确写出混合油处理工艺效果的评价指标	5				
		分析混合油处理常见的生产性故障，并给出正确的处理方案	5				
		结合企业实际案例正确完成中控系统异常现象判断与处理	10				
任务成果 20%	工作完整	能按时、按量完成任务	5				
	规范填写	能正确填写引导问题	5				
	成果展示	能准确表达、汇报工作成果	10				
合计			100				

课后作业

某大豆油浸出油厂混合油蒸发、汽提工艺中采用的直接蒸汽不是过热蒸汽，而是饱和蒸汽，请分析会造成什么样的后果。

任务五

溶剂回收

情境描述

在植物油脂浸出生产工艺中，用于提取油脂的溶剂是循环使用的，因此在各工序各设备中产生的溶剂都要尽量回收。溶剂回收工序主要包括三个环节：一是溶剂蒸气及混合蒸气的冷凝冷却；二是溶剂和水混合液的分离；三是尾气中溶剂回收。在浸出生产中提高溶剂的回收率对于降低生产过程的溶剂损耗、保证安全生产、保持良好工作条件、提高产品质量、保护环境等都是非常重要的。按照溶剂回收的生产操作规程，完成溶剂回收系统操作控制，并根据溶剂回收系统参数的变化，及时判断并处理常见故障。

本学习任务分解成 4 个子任务，分别为溶剂回收工艺流程图识读、溶剂回收核心设备认知、溶剂回收仿真系统操作、溶剂回收生产质量控制。

学习目标

知识目标

1. 掌握溶剂回收系统工艺流程。
2. 掌握溶剂回收系统各工序目的及意义。
3. 掌握溶剂回收系统各工序方法及要求（质量标准）。
4. 熟悉冷凝器、分水箱、蒸煮罐等核心设备及结构。
5. 掌握溶剂回收系统各工序的影响因素。

能力目标

1. 能指出冷凝器、分水箱、蒸煮罐各部位的结构及其功能。

2. 能叙述溶剂蒸气及混合蒸气的冷凝冷却、尾气中溶剂回收；溶剂和水混合液的分离的工作过程。

3. 能叙述溶剂回收的工艺流程，会识读中控界面，说出主要参数及控制范围。

4. 能对溶剂回收系统主要工艺参数、主要控制项目进行合理调控，并能合理控制经济指标。

5. 能对溶剂回收的常见故障进行原因分析和正确处理。

素质目标

1. 严格遵守溶剂回收的操作规程完成仿真操作，养成科学严谨、规范操作的工作作风。

2. 合理调控溶剂回收的主要控制项目及工艺参数，降低生产过程的溶剂损耗，提高溶剂的回收率，培养劳动安全意识和环境保护意识。

任务书

某4000t/d规模浸出大豆油生产线溶剂回收DCS仿真系统（图3-21），运行参数进行全过程动态仿真。

溶剂回收工作任务单见表3-18。

表3-18　　溶剂回收工作任务单

<table>
<tr><td>班级</td><td></td><td>组号</td><td></td><td>组长</td><td></td><td>日期</td><td></td><td>指导老师</td><td></td></tr>
<tr><td>成员</td><td colspan="9"></td></tr>
<tr><td>序号</td><td colspan="2">工作任务</td><td colspan="5">要求</td><td colspan="2">知识链接</td></tr>
<tr><td>1</td><td colspan="2">溶剂回收工艺流程图识读</td><td colspan="5">识读指定的溶剂回收中控界面，标注冷凝器、分水箱、蒸煮罐及物料名称，将工艺流程图转化为方框图</td><td colspan="2">溶剂回收的目的与基本原理</td></tr>
<tr><td>2</td><td colspan="2">溶剂回收核心设备认知</td><td colspan="5">学习冷凝器、分水箱、蒸煮罐等设备动画、图片资源，填写设备标识卡</td><td colspan="2">溶剂回收核心设备的结构与工作过程</td></tr>
<tr><td>3</td><td colspan="2">溶剂回收仿真系统操作</td><td colspan="5">仿真平台设置溶剂回收工艺参数，填写操作参数范围</td><td colspan="2">溶剂回收的工艺要求</td></tr>
<tr><td>4</td><td colspan="2">溶剂回收生产质量控制</td><td colspan="5">依据溶剂回收各工序质量指标，结合企业真实案例分析溶剂回收的生产故障，并寻找解决办法</td><td colspan="2">溶剂回收工序一般存在的问题及采取的措施；浸出车间的溶剂损耗及控制措施</td></tr>
<tr><td>工作准备</td><td colspan="9">阅读工作任务书，借阅或上网查阅有关的资料，获取冷凝器、分水箱、蒸煮罐的结构、工作原理、主要参数等相关知识。主要获取冷凝器、分水箱、蒸煮罐的工作参数等相关知识。
结合大豆浸出油厂实际生产情况，收集冷凝器、分水箱、蒸煮罐操作控制要点、安全操作规程等资料</td></tr>
</table>

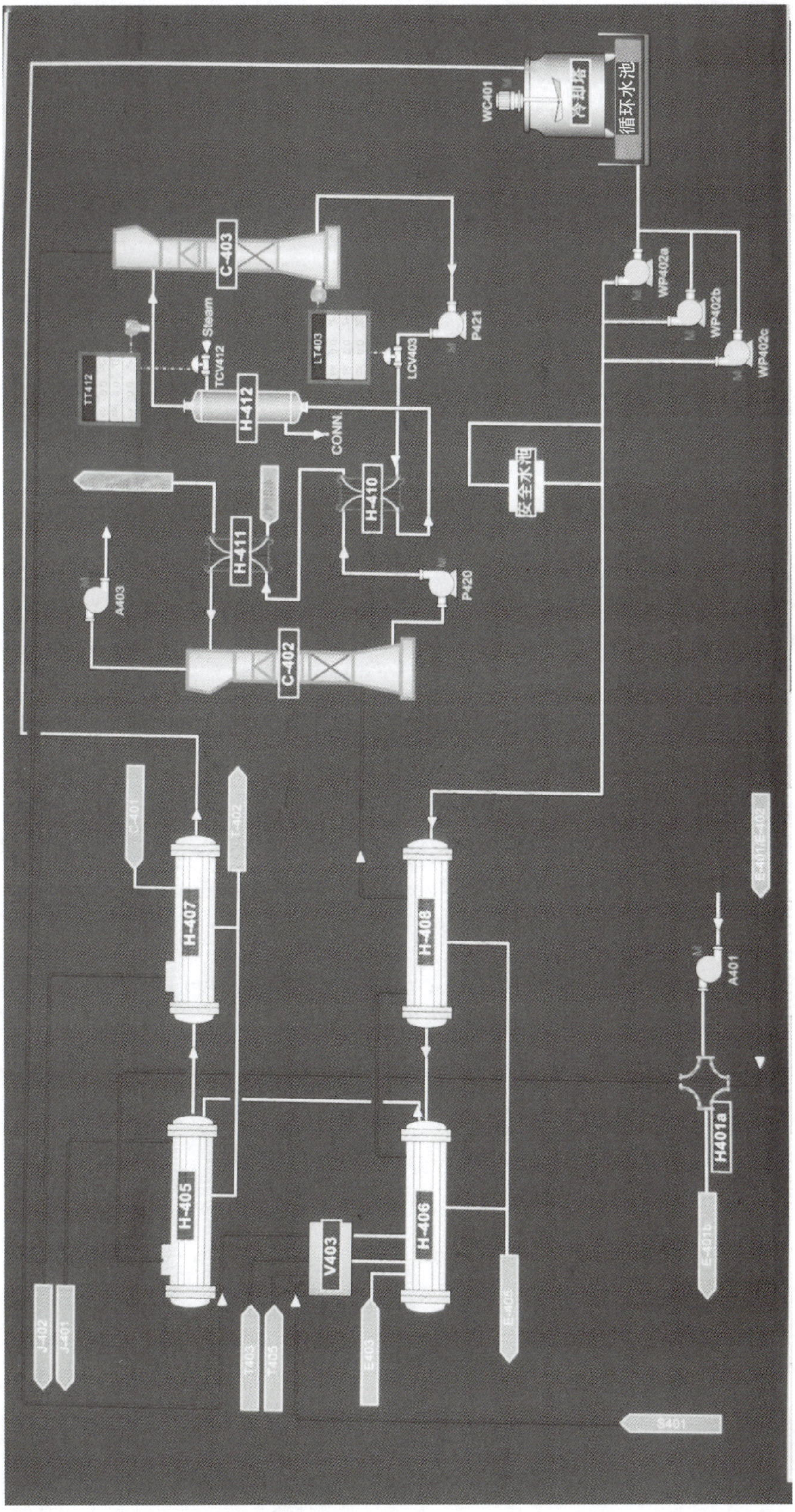

图 3-21　溶剂回收DCS仿真系统

工作实施

子任务一　溶剂回收工艺流程图识读

引导问题 1： 浸出大豆油生产过程（　　）溶剂需要回收。

A. 溶剂蒸气的冷凝和冷却　　B. 溶剂和水的分离

C. 废水中溶剂的回收　　D. 废气中溶剂的回收

引导问题 2： 浸出车间需要冷凝冷却的溶剂蒸气或混合气体来源是什么？

____

____

____

引导问题 3： 溶剂和水混合物的来源是什么？

____

____

____

引导问题 4： 分水箱内需处理的沉淀下脚的来源有（　　）。

A. 湿式捕粕液的沉淀下脚　　B. 混合油罐内的盐水下脚

C. 液封池内上浮的乳化物

任务实施

识读混合油处理中控界面（图 3-21），标注冷凝器、分水箱、蒸煮罐及物料名称，将工艺流程图转化为方框图。

知识链接

溶剂回收的目的与基本原理

一、溶剂回收的目的与意义

在植物油脂浸出生产工艺中，用于提取油脂的溶剂是循环使用的，因此在各工序各设备中产生的溶剂都要尽量回收。溶剂回收的内容主要包括三个方面：一是回收在湿粕脱溶、混合油蒸发、汽提等过程所产生的溶剂蒸气，这部分溶剂蒸气可通过冷凝器冷凝回收；二是回收在生产工艺中形成的溶剂-水混合液中的溶剂，这部分溶剂是用直接蒸汽蒸馏混合油和湿粕中溶剂时，产生的溶剂蒸气和水蒸气的混合气体经冷凝后所形成的溶剂-水混合液，混合液中溶剂与水的分离可根据它们的相对密度差别以及沸点不同来进行；三是对上述溶剂回收过程中所产生的溶剂气体-空气混合气体（自由气体）中溶剂的回收。自由气体中溶剂的回收可利用冷凝和石蜡油吸收等方法进行。

溶剂的回收过程除上述三个主要方面的内容外，还包括其他一些内容，如浸出生产排放尾气中溶剂的回收、排放废水中溶剂的回收、检修过程产生的含有溶剂的固体物料中溶剂的回收等。对这些溶剂回收的意义不仅在于降低溶剂消耗，更重要的是保证生产和环境的安全。

溶剂回收
工艺微课

在浸出生产中要努力提高溶剂的回收率，这对于降低生产过程的溶剂损耗、保证安全生产、保持良好工作条件、提高产品质量、保护环境等都是非常重要的。

二、溶剂回收的方法与原理

1. 溶剂蒸气冷凝冷却

溶剂蒸气冷凝冷却就是将溶剂蒸气、溶剂蒸气与水蒸气的混合蒸气与冷却水或其他冷介质进行热交换，使其放出潜热和显热，从而得到温度较低的液体溶剂或液体溶剂与水的混合液的工艺过程。

2. 溶剂和水混合液的分离

在浸出生产工艺中，溶剂与水的分离方法是利用溶剂与水的相互不溶解以及溶剂与水的相对密度不同，在分水设备中，让溶剂与水的混合液自然静置，溶剂与水即分层，上层溶剂排入溶剂周转库，下层废水排入蒸煮罐经蒸煮进一步回收其中溶剂，或排入水封池。

3. 自由气体中的溶剂气体的回收

自由气体是指浸出系统中存在的空气与低沸点溶剂蒸气的混合气体。空气的主要来源是：存在于入浸油料空隙中随进料带入的空气；随喷入的直接蒸汽带入的空气；在浸出系统呈负压的条件下，通过设备和管道密封不严的部位进入的空气。低沸点溶剂蒸气的来源主要有两个方面：一是经冷凝器而未被冷凝的溶剂蒸气；二是在各个盛装溶剂或混合油液体的储罐中（如分水器、混合油罐、溶剂周转库等）液体表面上蒸发的溶剂蒸气。

对自由气体中溶剂的回收，首先须经过最后冷凝器冷凝，回收其中的部分溶剂并降低自由气体的温度，而后再采用矿物油吸收法回收其中的残留溶剂。自由气体中的溶剂经充分回收后，废气才能经阻火器排空。

子任务二　溶剂回收核心设备认知

引导问题 1： 填写列管冷凝器（图 3-22）部件名称。

卧式列管冷凝器动画演示

立式列管冷凝器动画演示

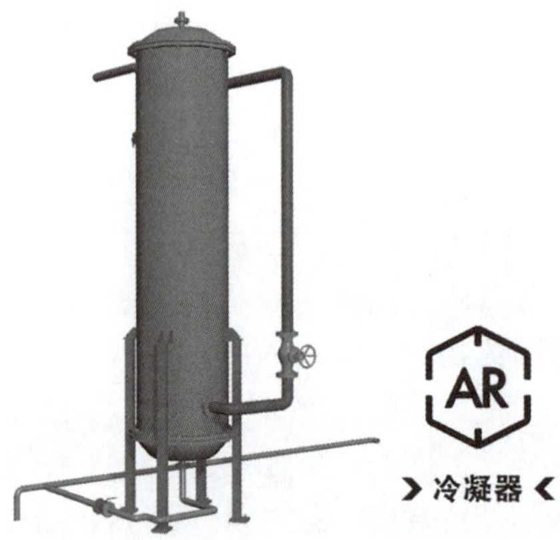

图 3-22　列管冷凝器

____

____

____

引导问题 2： 填写溶剂周转、分水综合库（图 3-23）部件名称。

溶剂周转、分水综合库动画演示

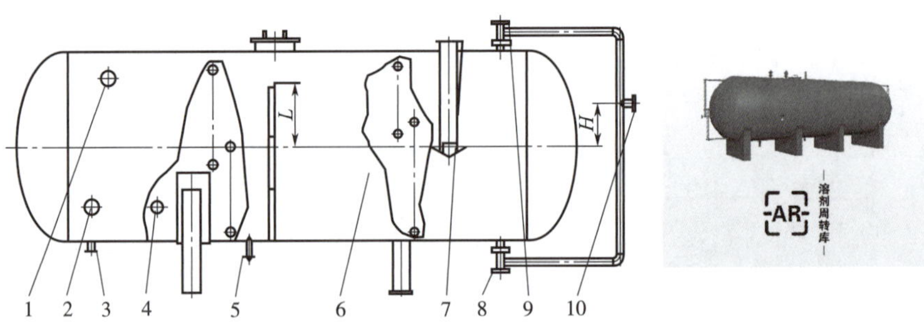

图 3-23　溶剂周转、分水综合库

____

____

____

引导问题 3： 填写蒸煮罐（图 3-24）部件名称。

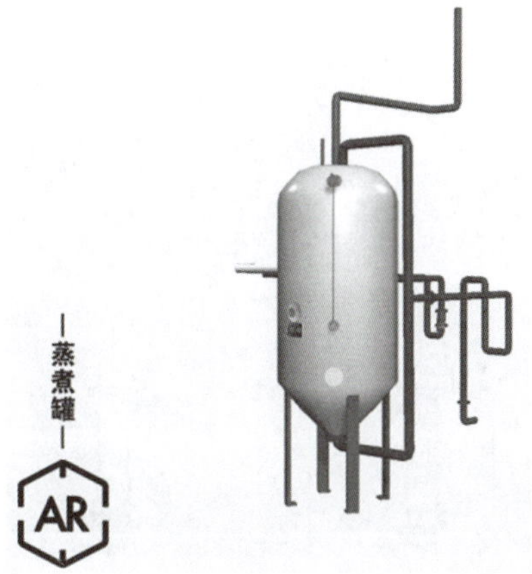

蒸煮罐动画演示

图 3-24　蒸煮罐

引导问题 4： 根据图 3-25 水封池的结构，描述水封池的工作原理。

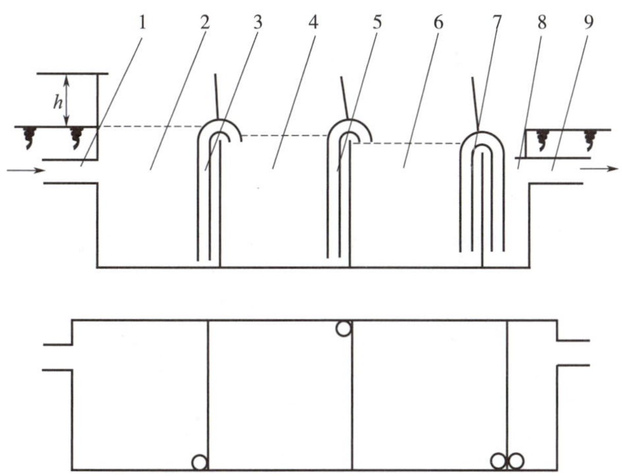

1—进水管　2、4、6—水封分离室　3、5—溢流管
7～n—形溢液管（顶开孔）　8—排水井　9—排水管　h—保护高度，0.4m

图 3-25　水封池

引导问题 5： 填写矿物油吸收装置（图 3-26）由哪些设备组成。

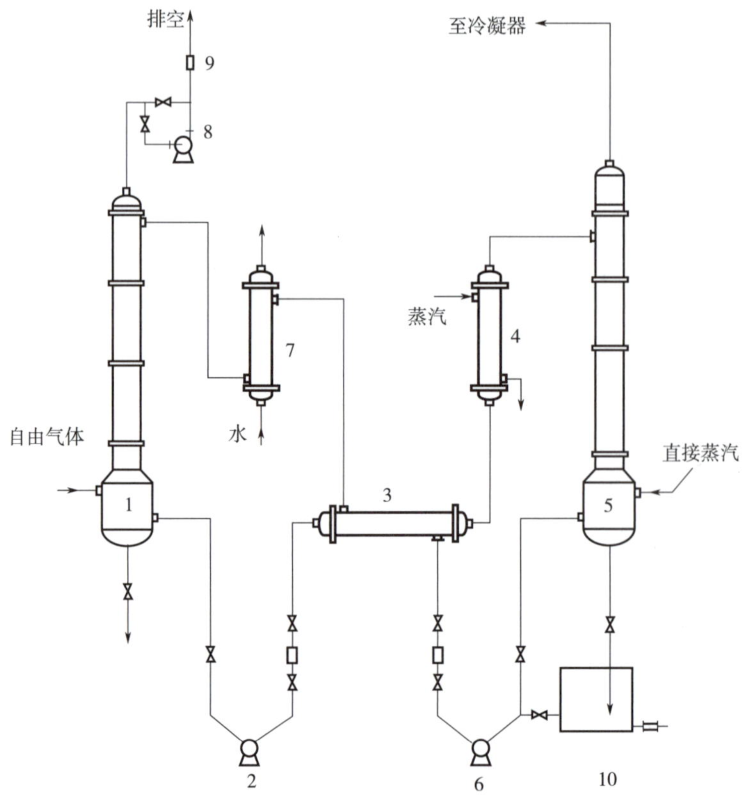

图 3-26　矿物油吸收装置

任务实施

填写表 3-19 溶剂回收系统核心设备标识卡。

表 3-19　　溶剂回收系统核心设备标识卡

设备 1	冷凝器	设备分级		颜色状态	
规格型号		生产厂家			
设备描述					
设备作用					
控制参数					
注意事项					
危险因素					

续表

设备 2	分水箱	设备分级		颜色状态	
规格型号		生产厂家			
设备描述					
设备作用					
控制参数					
注意事项					
危险因素					
设备 3	蒸煮罐	设备分级		颜色状态	
规格型号		生产厂家			
设备描述					
设备作用					
控制参数					
注意事项					
危险因素					
状态色标	红	橙	黄	绿	
	重点关注	次重点关注	一般关注	轻微关注	

知识链接

溶剂回收核心设备的结构与工作过程

一、列管冷凝器的结构及工作过程

列管冷凝器的型式很多，根据安装位置不同可分为立式和卧式，根据冷热流体热交换的次数不同可分为单程式和多程式，根据管束的结构型式又可分为固定管板式和浮头式。

立式列管冷凝器主要由圆柱形壳体、上下封头、列管束等部分组成。列管束的两端固定在管板上，在壳体内的列管外还安装有折流板。一般溶剂蒸气走壳程，冷却水走管程。溶剂蒸气从壳体上部的进口管进入冷凝器向下折流，经过与列管壁接触换热，大量的溶剂蒸气被冷凝下来，未被冷凝的溶剂气体和空气从自由气体管排出，再进入最后冷凝器或尾气回收系统，冷凝液自壳体下部的出口管流出。

溶剂蒸气的冷凝冷却微课

二、溶剂和水混合液分离设备的结构及工作过程

在浸出生产工艺中，湿粕脱溶、混合油汽提、矿物油解吸、含溶液废

水蒸煮等工艺操作都采用了直接蒸汽。此外，混合油负压蒸发系统的蒸汽真空喷射泵也向系统中喷入直接蒸汽。与这些操作所对应的冷凝器排出的冷凝液是溶剂和水的混合液。这些混合液必须经过溶剂与水的分离处理，将溶剂回收后循环使用。

1. 分水原理

溶剂和水的分离原理主要是利用溶剂与水互不相溶且溶剂密度比水密度小的特性，静置后自动分层使之分离。用于溶剂和水分离的设备为分水器。

2. 溶剂周转、分水综合库

溶剂和水混合液的分离微课

在现代油脂浸出工艺的设计过程中，有许多大型浸出油厂采用溶剂周转库和分水库综合设计为一体的结构具有其特殊的效果，体积相对比较小，车间布置也比较美观。溶剂周转、分水综合库用隔板分为两部分，一部分作为分水器，另一部分作为溶剂周转储存罐，在分水器中分离出的溶剂直接进入溶剂周转罐。这样使得结构更紧凑合理。

3. 蒸煮罐

蒸煮罐的结构很简单，其壳体由碟形顶盖、圆柱形筒体、锥底组成，内装有间接蒸汽加热盘管或直接蒸汽喷管。含溶废水在蒸煮罐中被加热至90~95℃，并经直接蒸汽的汽提作用，使其中的溶剂蒸发汽化，溶剂蒸气引入冷凝器冷凝回收。蒸煮后的废水则从出水管排入水封池。

4. 水封池

水封池又称液封池，常设置在浸出车间排放废水的下水道中途，其作用是截留废水中的溶剂，防止分水器失效时溶剂被废水带入下水道，或水中残留的微量溶剂在下水道里积聚，导致意外火灾时造成回火，危害浸出车间。

水封池的工作原理与分水器相似，它是由三个分离室组成，各分离室用溢液管连接起来。保护高度 0.4m，使进入水封池的溶剂不至外流或溢出；水封高度宜是保护高度的 3 倍以上，其有效容积不小于车间分水箱容积的 1.5 倍，且不小于车间溶剂周转罐的有效容积。这样可避免发生溶剂泄漏事故时，造成溶剂溢流出浸出车间禁区以外，以确保浸出车间的安全。

三、矿物油吸收装置的结构及工作过程

自由气体中溶剂的回收微课

矿物油吸收装置是由吸收塔、解吸塔、加热器、冷却器、热交换器、泵和风机等设备组成，其工艺流程如图 3-26 所示。

从图 3-26 中可以看出，来自最后冷凝器的尾气由尾气管进入吸收塔的底部，气体在通过塔内的填料层（填料为瓷环）的过程中，与从塔顶喷淋下来的冷矿物油（贫油）逆向接触，尾气中的大部分溶剂被冷矿物油所吸收，而未被吸收的空气，则由吸收塔顶部的小风机抽出，并通过阻火器排入大气。该小风机工作时还使整个浸出系统形成微负压，利于防止溶剂

气体在设备和管道中泄漏。吸收溶剂后的矿物油混合液（富油）收集在吸收塔底部的贮罐，经富油泵泵入热交换器，与来自解吸塔的热矿物油（贫油）进行热交换。热交换后达到 80℃左右，再经过富油加热器加热到 110~120℃后进入解吸塔解吸。

解吸塔的结构类似于吸收塔，外部用间接蒸汽加热，富油由解吸塔顶部喷入，与从塔底喷入的直接蒸汽在填料层中逆向接触汽提。富油中的溶剂几乎全部被直接蒸汽解吸出来，得到的水蒸气和溶剂蒸气的混合气体，从解吸塔顶部排出，进入冷凝器冷凝冷却。冷凝液通过分水箱分离出溶剂。未被气化的贫油收集在解吸塔底部的贮罐中，温度为 110~120℃，经贫油泵泵入热交换器与富油进行热交换，释放出部分热量后变成 60℃左右的贫油，再进入冷却器冷却到 35~40℃，然后进入吸收塔上部，如此，矿物油得以循环使用。

子任务三　溶剂回收仿真系统操作

引导问题 1： 冷凝器使用过程中冷凝介质中含杂量要少，可以减少杂质在冷凝器壁__________，提高传热效率。

引导问题 2： 溶剂回收仿真系统中哪些参数是控制参数，哪些参数是调节参数？

____

____

____

任务实施

在溶剂回收仿真系统中设置主要的工艺参数，并在表 3-20 填写主要参数控制范围。

表 3-20　溶剂回收主要参数控制范围

序号	部位	控制范围	备注

续表

序号	部位	控制范围	备注

知识链接

溶剂回收的工艺要求

一、冷凝冷却的工艺要求

要使溶剂蒸气冷凝冷却过程达到良好工艺效果，具体应满足以下工艺要求。

1. 流体介质温度

(1) 热流体　冷凝器热流体进口温度以满足产气设备工艺要求为准，不宜过高；冷凝液出口温度应控制在35~40℃，最后冷凝器尾气出口温度不超过25℃。

(2) 冷流体　冷凝器冷却水进口温度随水源、地区、季节不同而异，一般要求不超过25℃，越低越好，冷却水出口温度不超过40℃。

2. 流体介质流速

溶剂蒸气在管内的流速一般要求为10~15m/s，冷却水在管内流速不宜超过2.5m/s。

3. 流体含杂量要少

无论冷热流体，都要求其含杂量要少，以减少冷凝器壁结垢，提高传热效率。

4. 冷热流体的流动方向

冷凝器内冷热流体的流动方向以逆流为好。

5. 冷却水用量

冷却水用量以满足热流体冷凝液出口温度要求为限，不宜过量。

6. 冷凝器面积

浸出车间冷凝器总的冷凝面积要求达到4m^2/t料以上，各冷凝器面积应合理分配。在常压蒸发浸出工艺中，蒸脱机冷凝器的冷凝面积最大，其次为一长冷凝器，之后分别为二长、汽提、蒸煮罐和浸出器等冷凝器。

二、蒸煮罐的工艺要求

工作时，待蒸煮液从入口进入，经直接蒸汽和间接蒸汽加热蒸煮，使蒸煮温度维持在92~95℃，不宜超过98℃，以免导致过多的水分蒸发，使冷凝器和分水器负荷增大。一般蒸煮时间为5~10min。

三、水封池的工艺要求

开车前，水封池必须装满水。对呈乳化状态的一部分废水应送入废水蒸煮罐用蒸汽加热到92~95℃，不超过98℃，蒸发回收溶剂。

四、矿物油吸收装置工艺要求

矿物油吸收装置工艺条件见表3-21。

表3-21　矿物油吸收装置工艺条件

设备	项目	指标
吸收塔	尾气进塔温度/℃	<25
	塔内气流速度/(m/s)	0.4
	塔内气液体积流量比	36~50
	塔内压力/Pa	-980~-2450
	贫油进塔温度/℃	25~35
	贫油含溶剂量/%	0.002
解吸塔	富油温度/℃	115~120
	塔内气流速度/(m/s)	0.9~1.0
	直接蒸汽用量/1kg蒸气溶剂	3.5~4.0

子任务四　溶剂回收生产质量控制

一、溶剂回收过程中的问题处理

引导问题1： 冷凝器冷却水进口温度随水源、地区、季节不同而异，一般要求不超过25℃，越低越好，冷却水出口温度不超过__________。

引导问题2： 蒸煮罐的蒸煮温度维持在92~95℃，不宜超过__________。

任务实施

故障1： 冷凝器表面温度过高。若分析原因是冷凝器结垢严重，请提出相应的处理措施。

处理措施：

____

____

____

故障 2： 分水器压力不平衡，可能造成排水管跑溶剂。请提出相应的处理措施。

处理措施：

____

____

____

故障 3： 排放的尾气中残溶过高。若分析原因是尾气回收装置工艺效果差，请提出相应的处理措施。

处理措施：

____

____

____

知识链接

溶剂回收工序一般存在的问题及采取的措施

一、溶剂回收工序一般存在的问题

1. 冷凝器表面温度过高

造成冷凝器表面温度过高的主要原因有：某一产气设备（如长管蒸发器等）因操作不当致使溶剂气量偏多，甚至溶剂气体过热；水源差，冷却水进入时温度偏高；冷凝器结垢严重，热量交换慢。由于以上原因会导致冷凝液温度偏高，未凝结气体量增大，从而引起溶耗增加。

2. 废水中残溶过高

造成废水中残溶过高的原因是：冷凝器温度偏高，加上可能会含有粕末等悬浮物，致使混合液发生乳化现象，造成分水困难，而引起废水中带有较多的溶剂。

3. 溶剂中含水超标

溶剂中含水超标的原因主要是：分水效果差，溶剂与水分离不清，致使溶剂中带水；长管蒸发器的间接蒸汽加热管破损，使得溶剂中带有蒸汽，而这部分溶剂冷凝液往往不经过分水而直接进入周转罐，致使溶剂中带水。

4. 溶剂中含有油脂

溶剂中含有油脂的主要原因是由于混合油蒸发或汽提时发生“液泛”现象，致使溶剂中夹带部分混合油泡沫而进入冷凝器中，进而使得冷凝的溶剂中含有油脂。

5. 排放的尾气中残溶过高

主要原因是尾气回收装置工艺效果差或失灵，或由于多种原因致使尾气量增大。

6. 溶剂损耗超过正常范围

在浸出生产中，溶剂主要从以下五个方面损耗：一是设备、管道及阀门等不够严密，造成溶剂渗漏；二是吸收不完全，溶剂随废气排走；三是溶剂和水分离不清，溶剂随废水排走；四是蒸烘机加热面积不够，或操作不当，溶剂随粕带走；五是混合油蒸发或汽提不完全，溶剂被原油带走。正常情况下，浸出溶剂损耗应在 0.5~0.55kg/t 料以下。但下列两种情况将会使溶剂损耗超过正常范围：一是由于系统在正压状态下密封不严，或各种原因造成过多的检修，使溶剂跑、冒、滴、漏加重；二是由于工艺不合理，或设备工作状况不佳，或操作不当造成废气、饼粕、原油及废水中溶剂残留大幅度超标。

二、工艺调整方案

1. 调整冷凝系统

如果冷凝效果欠佳，则应对冷凝系统进行调整。一是调节冷却水的进水温度，控制出水温度不要过高；二是注意水源质量，经常对冷凝设备进行清洗，及时除去污垢。

2. 调整分水操作

主要采取下列措施：一是控制分水温度；二是要保证足够的分水时间；三是要注意及时排渣，避免发生乳化现象。

3. 调整尾气回收系统

加强尾气回收工作，经常检查回收设备排出的尾气中溶剂的含量，发现问题要及时处理。具体来说，对采用液体吸收的回收设备，要根据自由气体的量及其中溶剂含量，及时调整液体循环吸收时间和强度，以保证溶剂回收效果。

二、中控系统异常现象案例分析

引导问题 1： 浸出车间的溶剂损耗是浸出生产中一项重要的技术经济指标，调研三家大豆油生产企业浸出车间的吨料溶剂损耗是__________。

引导问题 2： 不可避免部分的溶剂损耗包括__________ 中带走的溶剂的最低限量。

任务实施

故障 1： 冷凝器结垢严重，热量交换慢，请指出中控室参数变化情况，分析可能的原因，并提出相应的处理措施。

原因分析：

____

____

____

处理措施：

故障 2：大豆油浸出车间的溶剂损耗生产指标为 5kg/t，若实际生产中溶剂损耗为 7kg/t，请指出中控室参数变化情况，分析可能的原因，并提出相应的处理措施。

原因分析：

处理措施：

故障 3：分水效果差，溶剂与水分离不清，致使溶剂中带水，请指出中控室参数变化情况，分析可能的原因，并提出相应的处理措施。

原因分析：

处理措施：

知识链接

浸出车间的溶剂损耗及控制措施

一、浸出车间的溶剂损耗

浸出车间的溶剂损耗是以处理每吨入浸料坯所损耗溶剂的质量（kg）来表示的。溶剂损耗是浸出生产中一项重要的技术经济指标。

浸出车间的溶剂损耗可分为不可避免的溶剂损耗和可避免的溶剂损耗

两部分。

1. 不可避免部分的溶剂损耗

不可避免部分的溶剂损耗包括废气、饼粕、原油和废水中带走的溶剂的最低限量。其值大小主要取决于所采用的工艺流程、设备本身的性能、浸出物料的种类和性质、所采用溶剂的馏程等多种因素。

在工艺流程和设备的选择上，不同的工艺流程和设备不可避免的溶剂损耗是不同的。如在浸出大豆中，为得到低变性的豆粕而采用低温脱溶工艺及设备，其成品粕中带走的溶剂量较一般湿粕蒸脱方法高得多。又如在混合油汽提时，采用不同的汽提设备，其浸出原油中的溶剂残留量也不相同。

不同的浸出物料，其不可避免的溶剂损耗也是不同的。如米糠一次浸出，因粉末度大、水分高、含杂量高（主要是淀粉），与其他油料相比，浸出时渗透能力就差，不仅使粕中残油增加，而且湿粕含溶剂量高。如果在其他工艺条件相同的情况下，湿粕脱溶效果较差，粕中残留溶剂量会偏高。

此外，浸出生产中使用溶剂馏程不同也会影响不可避免的溶剂损耗量。溶剂馏程过宽、高沸点成分易残留在原油和粕中，低沸点部分则易随废气带入大气，导致溶剂损耗升高。

2. 可避免部分的溶剂损耗

可避免部分的溶剂损耗是指由于跑、冒、滴、漏及排出系统物料超标带出溶剂而造成的损耗。这项损耗在总的溶剂损耗中所占的比例最大，产生这部分损耗的原因主要有两个方面。

浸出车间的溶剂损耗及控制措施微课

（1）由于系统正压状态下密封不严，或多种原因造成的设备检修，使溶剂（或混合油）跑、冒、滴、漏。系统密封不严是因为设备和管道等的视镜、法兰连接处、设备外壳的焊缝处等静密封不严及各转动部位的动密封本身密封效果不佳或长期使用后密封性能变差。此外，物料进口如浸出器进料、汽提塔的原油出口、分水器的废水出口等处的料（液）密封效果不佳或失效。

（2）由于工艺不合理或设备工作状况不良或操作不当造成的废水、废气、原油及粕中溶剂残留量大幅度超标。

二、控制溶剂损耗的措施

浸出车间的溶剂损耗量是一项重要的技术经济指标，为了最大限度地降低溶剂损耗，在生产中必须采取行之有效的控制措施。

1. 控制跑、冒、滴、漏

控制由跑、冒、滴、漏造成的溶剂损耗有三条基本措施：一是确保设备、管道的维护保养，注意系统中的动、静密封情况，及时更换磨损、老化的密封填料，保证系统具有良好的密封性能。对新安装或大修后重新生产的车间，在开车前，整个浸出系统包括各设备及管道，需进行气密性试验；二是选用质量过关、经检验合格的设备，并加强对设备的检查和维修，使设备处于良好状态，保证生产能连续正常运转，避免设备频频发生故障而拆开检修，导致损耗大量溶剂；三是维持系统的微负压状态。

2. 控制废气排放浓度

排入大气的废气中溶剂含量应控制在 0.1%（体积分数）以下。尾气中溶剂的回收应根据车间处理量的大小，相应选用经济的回收方法。在使用过程中要切实控制好工艺条件，以达到良好的回收效果。在冷冻法操作中，废气的排空温度降至-10℃左右为好；在吸收法操作中，影响废气排放浓度的因素较多，除要求选择吸收性能良好的溶剂外，还应对其工艺条件进行综合控制。

3. 控制粕中残溶量

粕中残留溶剂量应控制在 700mg/kg 以下。影响粕中残留溶剂量的因素较多，不能只注重蒸脱机的情况，必须综合考虑诸因素的影响，特别是与脱溶有关的预处理及浸出过程的一些环节不容忽视。比如油料的预干燥、油料籽粒的脱皮质量控制以及浸出期间混合油的喷淋流程等，解决好这些问题，可有效地提高蒸脱机的工作效率。但在一定的工艺和设备条件下，随粕带走的溶剂量在不可避免的溶剂损耗总量中还是占较大比例的。因此，严格控制蒸脱机各项操作条件，仍是有效降低粕中残留溶剂量的主要措施。

4. 控制原油残溶量

原油中的残留溶剂量应控制在 500mg/kg 以下。操作中原油出口温度应在 105~110℃，保证直接蒸汽喷入量，提高汽提效率。要防止直接蒸汽带水或在汽提塔内凝结，以免原油中磷脂吸水膨胀，造成液泛现象，降低脱溶效率，导致原油残溶过高。

5. 控制废水残溶量

废水中的残留溶剂量应控制在 100mg/kg 以下。溶剂在水中的溶解度是很小的，其溶解度与温度和溶剂的化学成分有关，一般为 7~15mg/kg。废水中带走溶剂有两种形式：一是微量溶剂溶解在废水中带走。其溶解度与温度成正比，如废水温度从 10℃ 升到 25℃ 时，溶剂在废水中的溶解度会提高一倍左右。因此，在分水时间足够的条件下，废水排放温度应控制在 35℃ 以下。二是溶剂与水发生乳化而被乳化液带走。乳化液中的溶剂含量一般在 1300~2600mg/kg，必须经蒸煮回收后才能排放。另外，在分水器操作中，要注意及时排渣，避免发生乳化。

任务评价

溶剂回收学习任务评价表见表 3-22。

表 3-22　　溶剂回收学习任务评价表

班级：　　　　　　　　姓名：　　　　　　　　学号：

评价项目		评价标准	分值	评价			综合得分
				自评	互评	师评	
职业素养15%	日常考勤	学习态度端正，无无故缺勤、迟到、早退现象	5				
	工作规范	严格遵守操作规程，精益求精、安全生产	5				
	团队合作	团队协作，分工明确，沟通良好	3				
	车间整理	工具、设备及时归位；保证车间清洁	2				
专业能力65%	子任务一 溶剂回收 工艺流程图识读	将溶剂回收工艺流程图转化为相应的方框图	10				
		准确指出溶剂回收涉及的主要设备各部分的结构	5				
	子任务二 溶剂回收 核心设备认知	正确填写冷凝器设备标识卡	5				
		正确填写分水箱设备标识卡	5				
		正确填写蒸煮罐设备标识卡	5				
	子任务三 溶剂回收 仿真系统操作	利用溶剂回收仿真系统准确设置相关参数	10				
		正确填写溶剂回收工艺相关参数的控制范围	10				
	子任务四 溶剂回收 生产质量控制	准确写出溶剂回收工艺效果的评价指标	5				
		分析混合油处理常见的生产性故障，并给出正确的处理方案	10				
任务成果20%	工作完整	能按时、按量完成任务	5				
	规范填写	能正确填写引导问题	5				
	成果展示	能准确表达、汇报工作成果	10				
合计			100				

课后作业

当设备间及设备与外界的压力差大到一定值的时候，会导致设备超压，产生严重事故。例如：分水器压力不平衡，可能造成排水管跑溶剂。因此，除工艺需要外，应控制好系统内外的压力差，系统内压力趋于相等达到压力平衡。

请问可以采取什么措施保证系统内的平衡压力？

任务六

浸出大豆油生产仿真系统开停车

情境描述

大豆油浸出车间属于甲类防爆单位，必须做好开车前的准备工作和对突发故障的紧急处理。掌握开车、停车的正确顺序，同时了解正常生产时的注意事项，是制油工的核心技能。

基于4000t/d浸出大豆油生产线，开发DCS仿真系统，实现运行参数的全过程动态仿真，模拟实际生产进行冷态开车和停车操作。

请根据浸出大豆油生产操作规程，完成开、停车仿真操作。

本学习任务分解成2个子任务，分别为浸出大豆油生产仿真系统开车操作和浸出大豆油生产仿真系统停车操作。

学习目标

知识目标

1. 掌握浸出大豆油生产开、停车操作顺序。
2. 掌握浸出大豆油生产开、停车操作要点。
3. 掌握浸出大豆油生产稳定工况下主要参数。

能力目标

1. 能完成浸出大豆油生产模拟软件冷态开车，并将参数调整至正常范围。
2. 能完成浸出大豆油生产模拟软件稳态停车操作。

素质目标

1. 严格遵守浸出大豆油生产操作规程完成生产线开、停车仿真操作，培养运用理论知识分析问题，解决工程实际问题的能力。

2. 通过浸出大豆油生产运行参数全过程动态仿真操作，加深对浸出大豆油生产工艺的操作和理解，积极响应碳中和背景下粮食行业智能化升级和改造。

任务书

请完成 4000t/d 规模浸出大豆油生产线开车、停车操作，在此过程中要保持系统的正常运行状态。浸出大豆油生产仿真系统开停车工作任务单见表 3-23。

表 3-23　　浸出大豆油生产仿真系统开停车工作任务单

班级		组号		组长		日期		指导老师	
成员									
序号	工作任务		要求					知识链接	
1	浸出大豆油生产仿真系统开车操作		根据操作规程，完成浸出大豆油生产模拟软件冷态开车，并将参数调整至正常范围					浸出大豆油生产开停车操作顺序、操作要点、稳定工况下主要参数	
2	浸出大豆油生产仿真系统停车操作		根据操作规程，完成浸出大豆油生产模拟软件稳态停车操作					浸出车间应急处理	
工作准备	阅读工作任务书，借阅或上网查询有关资料，获取浸出大豆油生产开车前的准备工作、开停车操作要点等相关知识。 收集浸出大豆油生产开停车顺序、参数调控等资料								

工作实施

子任务一　浸出大豆油生产仿真系统开车操作

引导问题 1：浸出大豆油生产常规开车前需要做的准备工作有哪些？

____

____

____

引导问题 2：浸出大豆油生产正常的开车顺序是？

____

____

____

任务实施

完成某浸出大豆油生产线冷态开车模拟操作，并写出稳定工况下的主要参数。

浸出大豆油生产线冷态开车仿真操作视频（一）	浸出大豆油生产线冷态开车仿真操作视频（二）	浸出大豆油生产线冷态开车仿真操作视频（三）	浸出大豆油生产线冷态开车仿真操作视频（四）	浸出大豆油生产线冷态开车仿真操作视频（五）	浸出大豆油生产线冷态开车仿真操作视频（六）	浸出大豆油生产线冷态开车仿真操作视频（七）

子任务二　浸出大豆油生产仿真系统停车操作

引导问题 1：写出大豆油浸出车间稳态停车顺序。

引导问题 2：如果由预处理车间来料停止，浸出器停车应立即采取的措施是什么？

任务实施

完成某浸出大豆油生产线稳态停车模拟操作，并写出浸出大豆油生产线稳态停车顺序。

浸出大豆油生产线稳态停车仿真操作视频（一）	浸出大豆油生产线稳态停车仿真操作视频（二）	浸出大豆油生产线稳态停车仿真操作视频（三）	浸出大豆油生产线稳态停车仿真操作视频（四）	浸出大豆油生产线稳态停车仿真操作视频（五）	浸出大豆油生产线稳态停车仿真操作视频（六）	浸出大豆油生产线稳态停车仿真操作视频（七）

知识链接

浸出车间应急处理

浸出车间是一个连续和系统的车间，其中设备出现故障将会对前后设备运行乃至整条生产线带来一定的影响，同时车间也会受到其他配套设施的影响，造成车间设备或生产线的停止或故障。某大豆油生产企业浸出车间应急事件处理方案如下。

一、短期（三天之内）停车

（1）混合油罐、蒸发器内存油及分水器内上层溶剂可不出清。

（2）循环溶剂库内溶剂可不抽回总库，其余均按正常停车处理。

二、紧急停车

1. 突然停电（包括夜间照明中断）

（1）立即关闭蒸汽总阀门，将蒸烘机夹套蒸汽全部排出，以免料粕继续受热引起事故。再将各蒸发器的蒸汽从直放管中排出，停止蒸发。

（2）将浸出器油槽中的混合油放入混合油暂贮罐，停止进新鲜溶剂，以免浸出器中混合油继续下流，使油槽中混合油溢入刮板输送机造成事故。

浸出大豆油仿真操作故障处理视频（一）

2. 突然断水

（1）立即关闭蒸汽总阀门及第一蒸发器进油泵和阀门，打开各蒸发器冷凝水直放管，排除剩余蒸汽，停止蒸发，并通知锅炉房停止送蒸汽。

（2）迅速关闭冷凝器放水阀门，使冷凝器内能保留一部分水。

（3）依次停止进料输送机、浸出器、刮板输送机、蒸烘机的运转。

3. 局部设备发生故障

（1）如混合油、溶剂大量流出，周围环境达到爆炸和燃烧的条件，此时绝对禁止任何火源进入禁区，对非防爆电机电器和开关任何人不得启动或关闭，并根据现场具体情况，统一指挥，进行抢救。

浸出大豆油仿真操作故障处理视频（二）

（2）主要设备发生故障，应按停车步骤紧急停车，同时组织人员，及时排除故障，减少停车时间。

4. 动火前工作要求

浸出车间在停产检修需要动火前，必须将残余原料彻底清除干净。对接触过溶剂和溶剂蒸气的全部设备、管道和管件用水蒸气驱净溶剂和溶剂气体，蒸冲时间不能太短，蒸气压力不小于 0.25MPa，通蒸气的时间要充足，以便把各部位的残余溶剂蒸发掉。对设备的凹角部位要反复处理，必要时应全部开盖处理，将凹角部位、管道低洼处和泵体底孔放空，反复驱除溶剂。蒸气冲洗后，应完全通风，然后组织有关人员检查验收，并经有关负责人批准后方可点火试验，经溶剂探测器检测是否存在溶剂残留，检测合格，此后方可动火。动火检修前，要切断溶剂库和车间的连接管路。

浸出大豆油仿真操作故障处理视频（三）

检修完毕后，要进行验收，以保证安全生产。

在浸出车间应采用防爆工具进行工作和维修。

任务评价

浸出大豆油生产仿真系统开停车任务评价表见表 3-24。

表 3-24　浸出大豆油生产仿真系统开停车任务评价表

班级：　　　　　　　　姓名：　　　　　　　　学号：

评价项目		评价标准	分值	评价			综合得分
				自评	互评	师评	
职业素养 10%	日常考勤	学习态度端正，无无故缺勤、迟到、早退现象	5				
	工作规范	严格遵守操作规程，精益求精、安全生产	3				
	车间整理	工具、设备及时归位；保证车间清洁	2				
专业能力 80%	子任务一 浸出大豆油生产仿真系统开车操作	仿真系统自动评分（按照 100 分折算成绩）	40				
	子任务二 浸出大豆油生产仿真系统停车操作	仿真系统自动评分（按照 100 分折算成绩）	40				
任务成果 10%	工作完整	能按时、按量完成任务	5				
	成果展示	能准确汇报工作成果	5				
合计			100				

浸出车间设备消溶的操作步骤和要求

浸出车间设备消溶的防火安全管理

课后作业

1. 浸出器长时间停电，应该采取哪些措施？

2. 压缩空气停止后浸出车间所用自动调节阀将不能运行，停压缩空气故障，应该采取哪些措施？

项目四

特种油脂制取

任务一

水代法制取小磨香油

情境描述

油脂工业具有悠久的历史，传统榨油技术流传至今，体现了我国古代劳动人民的集体智慧，也极大地推动了华夏民族古代文明进程。小磨香油就是传统地方名产，在皖、冀、鲁、豫等地至今沿用着“小磨盘”和祖传技法酿制芝麻油，讲究“淘、炒、磨、烫”纯手工、无添加的制作工艺，学名“水代法”。

小磨香油的生产方式以手工作坊生产为主，缺乏可靠的工艺参数标准，影响了小磨香油的声誉。因此，在继承传统小磨香油工艺精髓的基础上，与现代加工技术装备紧密结合，采用机械化、自动化生产线升级改造现有的手工生产方式，能够使传统压榨工艺焕发新的生命力。

本学习任务分解成 2 个子任务，分别为传统小磨香油生产工艺控制和自动化小磨香油生产工艺认知。

学习目标

知识目标

1. 掌握水代法的工艺原理。
2. 掌握水代法生产小磨香油的工艺流程。

3. 掌握水代法生产小磨香油的关键控制点。
4. 熟悉自动化小磨香油的生产工艺。

能力目标

1. 能根据传统小磨香油关键控制点进行生产工艺控制。
2. 能阐述自动化小磨香油生产工艺过程。

素质目标

1. 践行传统食品“秉承特色，升华传统”的发展理念，学习传统与现代相结合的小磨香油生产工艺，培养非遗文化传承与保护意识。

2. 采用机械化、自动化生产线升级改造现有小磨香油手工生产方式，培养创新意识。

任务书

查阅文献，收集资料，调研某芝麻油工厂年产4800t规模小磨香油自动生产线，完成对水代法生产小磨香油学习任务。水代法制取小磨香油工作任务单见表4-1。

表4-1　　水代法制取小磨香油工作任务单

班级		组号		组长		日期		指导老师	
成员									
序号	**工作任务**		**要求**					**知识链接**	
1	传统小磨香油生产工艺控制		写出传统小磨香油工艺过程，分析传统小磨香油关键控制点					“水代法”的技艺流程解读	
2	自动化小磨香油生产工艺认知		根据指定的自动化小磨香油生产方案，完成炒籽、研磨、兑浆分油等生产工段的认知					传统小磨香油工艺技术的优化升级	
工作准备	收集芝麻、芝麻油加工技术的传承创新以及GB/T 8233—2018《芝麻油》中有关小磨香油的技术指标等知识。 阅读工作任务书，借阅或上网查阅有关资料，获取小磨香油工艺流程、技术特点等资料信息								

工作实施

子任务一　传统小磨香油生产工艺控制

引导问题1：芝麻相传是在＿＿＿＿＿时期由西域传入我国，含油量高达__________，是我国的主要油料之一。

引导问题2：水代法是传统的制油工艺，有着悠久的历史。它是利用油料中__________成分对水和油的亲和力不同以及油、水的__________不同，经过一系列加工工艺过程，将油和亲水性的__________分离后取得。

任务实施

观看小磨香油的生产动画，画出传统小磨香油制作流程，并写出控制要点。

小磨香油动画

知识链接

“水代法”的技艺流程解读

一、芝麻的知识

芝麻作为一种古老的物种，种植历史已有5000多年。芝麻主要分布在世界上的热带以及部分温带地区。相传是在西汉时期由西域传入我国。芝麻是我国的主要油料之一，含油量为45%~63%。芝麻富含蛋白质和不饱和脂肪酸，具有很高的食用价值。它含有的芝麻木酚素类物质经研究发现具有抗衰老、提高免疫力、降血压和抗氧化的作用。芝麻还具有很高的医用价值，在我国古代著名医书《神农本草经》中就有记载。

GB/T 11761—2021《芝麻》

GB/T 8233—2018《芝麻油》

二、水代法制油的原理

水代法是我国传统的芝麻加工芝麻油的方法。这种方法制出的芝麻油具有很好的抗氧化作用，香味醇厚，深得老百姓喜爱。人们把这种方法制作的芝麻油称为小磨香油。它主要是将芝麻炒熟磨细后兑入热水，利用油料中非油成分对水和油亲和力的不同以及油、水之间的密度差，经过适当搅动振荡，使油和亲水性的蛋白质、碳水化合物等分开，将油撇出。

三、小磨香油的生产技术

炒籽是小磨香油关键控制点。水代法生产的芝麻香油最重要的品质就是有诱人的香味，而炒籽温度直接影响着油的香味、颜色和透明度，是非常关键的一步。芝麻只有在高温焙炒过程中发生美拉德反应，才能产生浓郁的香味，但过高的焙炒温度会使芝麻蛋白严重破坏，同时使芝麻油中3,4-苯并芘含量升高。人工炒籽往往依靠手捻和看芝麻色泽控制

小磨香油生产技术微课

火候。

磨浆是水代法工艺中的重要一步，要求有适当的细度和温度，目的是使油料细胞充分破裂，以便在兑浆搅油时浆与料酱的充分混合，使非油物质和水充分结合，尽量提净油脂并保证油的质量。石磨研磨是小磨香油的特色。水代法一般都采用石磨，好的石磨选用绿色砂岩，经过修型錾刻、套接、调整制得，研磨时转速低（30r/min）、加工温度低（60～65℃），能减少芝麻营养成分及抗氧化物质（芝麻木酚素类化合物、维生素 E）的损失。具有不升温、散热快、料浆细、生产效率高等诸多优点，料酱的温度及细度能得到很好的保证。

兑浆分油是小磨香油的关键环节。芝麻坯在晃油锅中兑入其质量70%～75%的沸水，沸水分 4 次（分别为总水量的 60%、20%、15%、5%）加入，每次加水后控制相应的搅拌（或墩油）速度和时间，待油脂浮到表面后分几次将油撇出，完成以水代油的过程。兑浆搅油关系到出油率的高低和油脂外观质量，搅拌必须充分。芝麻本身含有胶性物质和少量蜡质，尤其是痕量的蜡就能造成油的明显浑浊，所以在兑浆时必须控制好兑浆温度、兑浆量及兑浆次数。芝麻含油量、兑水量以及兑浆温度与出油率有很大关系，手工生产时全靠操作师傅掌握。

子任务二　自动化小磨香油生产工艺认知

引导问题：传统小磨香油工艺的精髓体现在哪些方面？

____

____

____

任务实施

小磨香油自动化生产工艺流程见图 4-1，在保留传统工艺精髓的基础上，大幅提升技术装备水平，实现了小磨香油规模化、标准化、自动化生产。

以设计年加工 4800t 芝麻的生产车间为例，单班制生产，年加工天数按 300d 计。具体产品方案如下。

①小磨香油 1000t/年。包装形式：玻璃瓶 200～500mL/瓶或 PET 桶 1～5L/桶。

②芝麻酱 1000t/年。包装形式：玻璃瓶 200～500mL/瓶或 PET 桶 1～5L/桶。

③熟芝麻 1000t/年。包装形式：50g/袋或 25kg/袋。

读图 4-1，填写表 4-2 完成小磨香油自动化生产线设计方案。

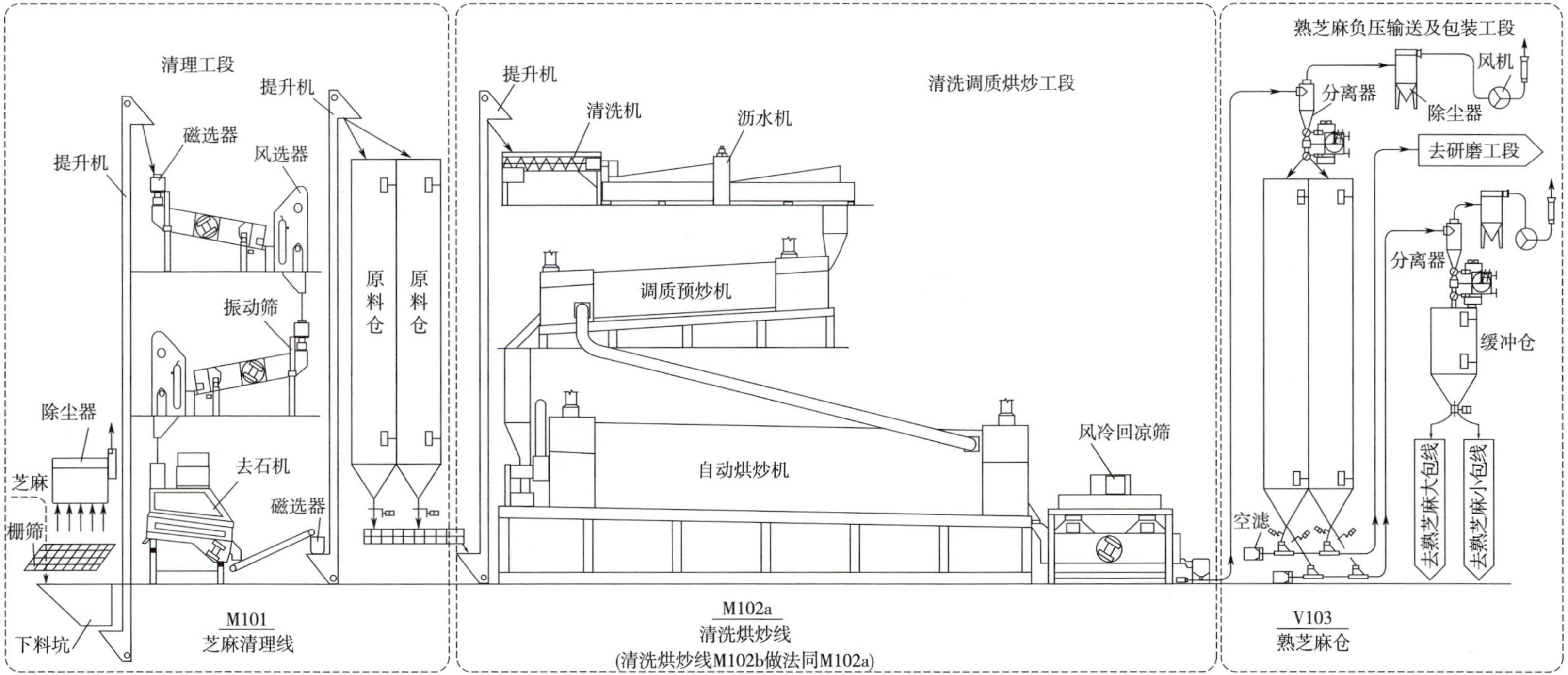

图 4-1 小磨香油自动化生产方案

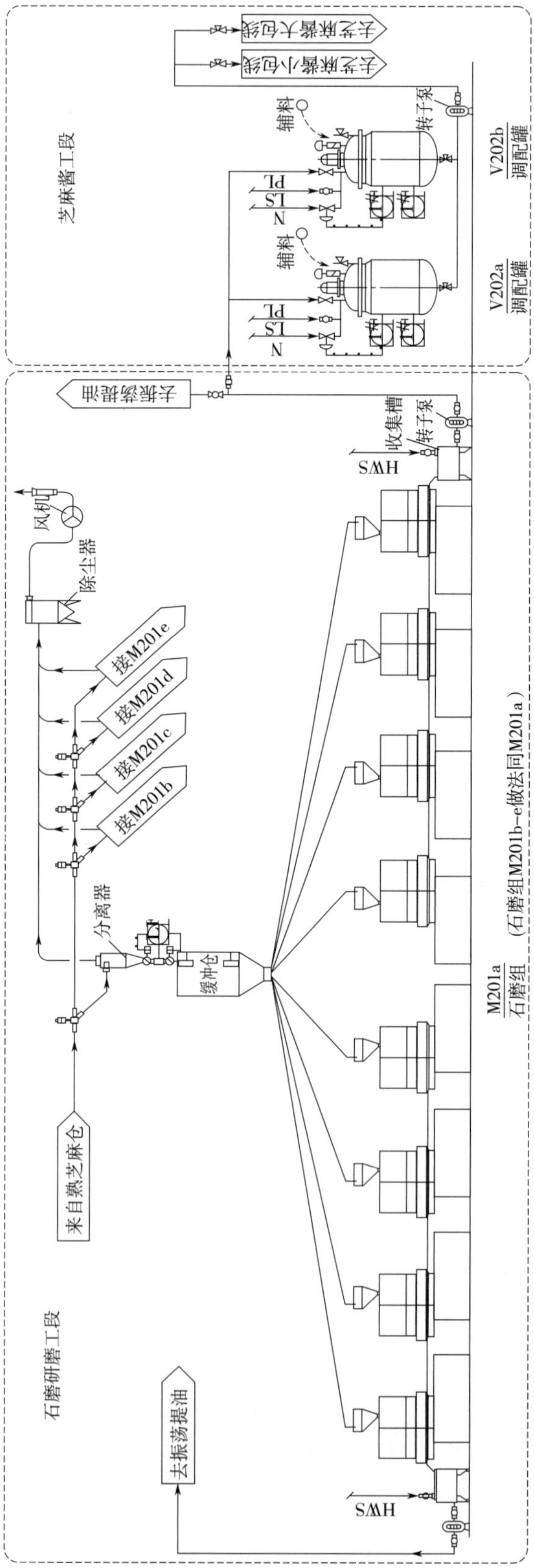

图 4-1　小磨香油自动化生产方案（续）

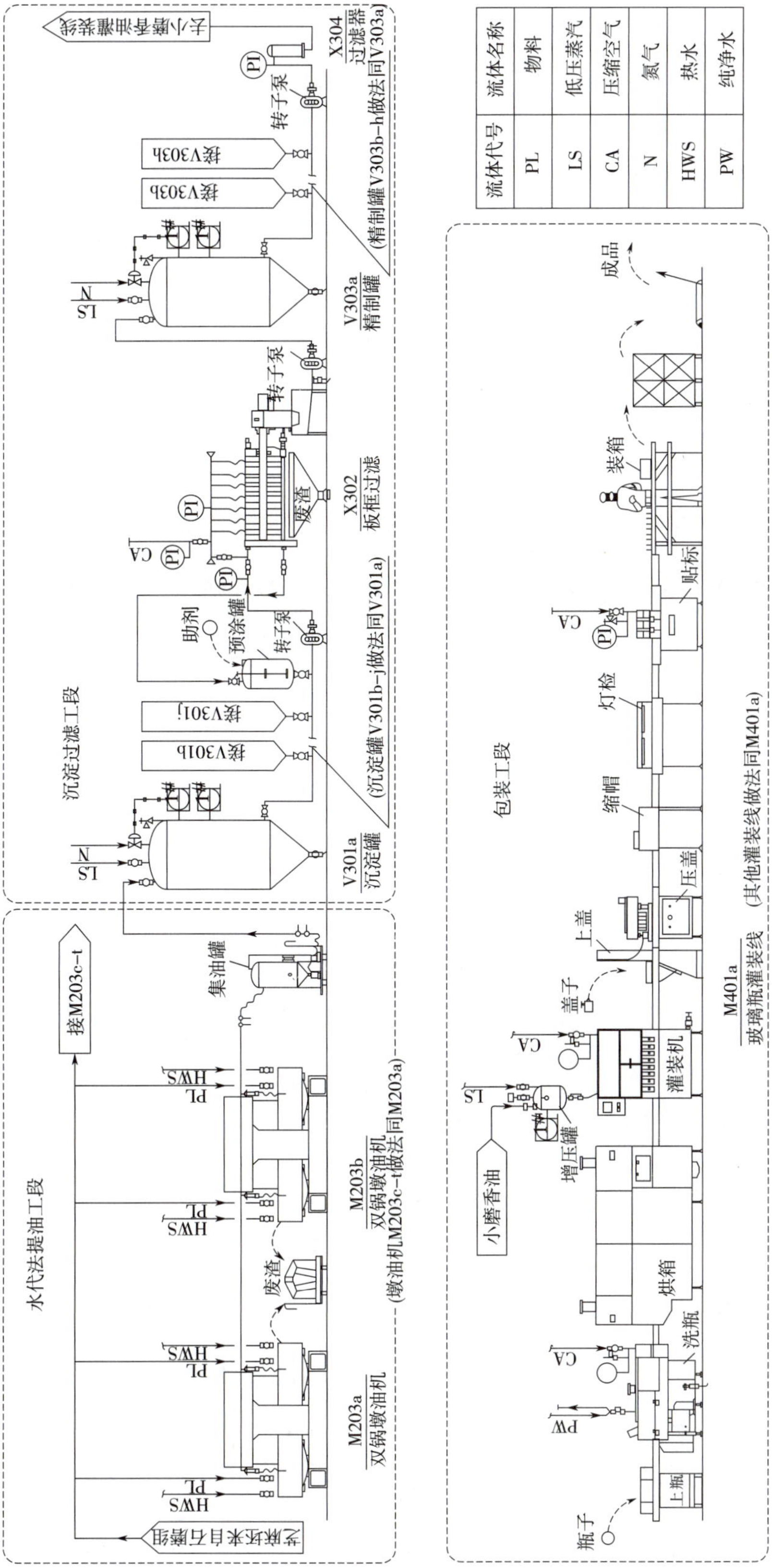

流体代号	流体名称
PL	物料
LS	低压蒸汽
CA	压缩空气
N	氮气
HWS	热水
PW	纯净水

图 4-1 小磨香油自动化生产方案（续）

表 4-2　　小磨香油自动化生产线设计方案

<table>
<tr><th colspan="6">生产能力设计</th></tr>
<tr><td>炒籽能力设计</td><td colspan="5">选择两条处理能力 1t/h 的调质烘干炒籽成套设备，可年加工芝麻________ t/a（年生产 300d，每天 8h）。</td></tr>
<tr><td>研磨能力设计</td><td colspan="5">选择 40 台产能 75kg/h 的电动石磨，可研磨芝麻________ t/a（石磨研磨 2h 歇 2h 降温，计每天工作 4h）。</td></tr>
<tr><td>兑浆分油能力设计</td><td colspan="5">1. 根据公式，兑浆时加入沸水的量 =（1−芝麻坯含油率）×芝麻坯质量×2，兑浆时加入沸水的量为________ t/a（芝麻坯含油率按 50%计）。
2. 兑浆后物料的质量为________ t/a。
3. 选择 20 台双锅墩油机，年兑浆分油________ t/a（单锅有效容量 240kg，双锅型，4h 完成 1 锅，计每台设备每班提油 2 次）。</td></tr>
<tr><th colspan="6">主要工艺设备选型</th></tr>
<tr><th>设备名称</th><th>规格型号</th><th>数量</th><th>设备名称</th><th>规格型号</th><th>数量</th></tr>
<tr><td>芝麻清理线</td><td></td><td></td><td>精制罐</td><td></td><td></td></tr>
<tr><td>清洗烘炒线</td><td></td><td></td><td>过滤器</td><td></td><td></td></tr>
<tr><td>熟芝麻仓</td><td></td><td></td><td>芝麻油灌装线</td><td></td><td></td></tr>
<tr><td>负压输送</td><td></td><td></td><td>芝麻油灌装线</td><td></td><td></td></tr>
<tr><td>熟芝麻包装线</td><td></td><td></td><td>芝麻酱灌装线</td><td></td><td></td></tr>
<tr><td>电动石磨组</td><td></td><td></td><td>芝麻酱灌装线</td><td></td><td></td></tr>
<tr><td>调配罐</td><td></td><td></td><td>水处理线</td><td></td><td></td></tr>
<tr><td>双锅墩油机</td><td></td><td></td><td>热水系统</td><td></td><td></td></tr>
<tr><td>沉淀罐</td><td></td><td></td><td>空压系统</td><td></td><td></td></tr>
<tr><td>板框过滤</td><td></td><td></td><td>制氮系统</td><td></td><td></td></tr>
</table>

知识链接

传统小磨香油工艺技术的优化升级

传统小磨香油工艺精髓主要体现在炒籽、石磨研磨、兑浆分油 3 个重点环节，需要在最大限度地保留其工艺特色的基础上，提出工艺自动化升级方案。

（1）自动恒温炒籽替代人工平底锅炒籽　引入在颗粒物料炒制或烘干

领域广泛使用的燃气加热自动控温转筒式炒籽机，全程数字控制烘炒温度、烘炒时间及物料流量，实现闭式烘炒、负压排气，达到节能、环保的要求以及连续生产的标准。

（2）采用电动石磨替代胶体磨或传统石磨　石磨连续运行 2h 会起热，应停止 2h 再恢复运行，可将电动石磨成组布置并配合自动泵料系统，实现连续生产。

（3）采用机械振荡分油替代传统大锅晃油　新型双锅机械振荡墩油机将搅油、墩油操作于一体并根据工艺随时转换，墩油机成组布置并设计真空出料管路系统可实现连续生产。

（4）其他工艺环节可大幅引进粮油加工成套装备　自动化升级方案包括粮食自动清理生产线替代手工筛分芝麻，芝麻自动清洗浸润生产线替代人工泡洗操作，熟芝麻风冷回凉筛替代人工扬烟除杂工序，负压输送分配系统替代人工推运熟芝麻，芝麻油控温充氮沉淀罐替代自然沉淀，自动灌装线替代手工灌装等，从而实现大规模、机械化、自动化连续生产。

任务评价

水代法制取小磨香油学习任务评价表见表 4-3。

表 4-3　水代法制取小磨香油学习任务评价表

班级：　　　　　　姓名：　　　　　　学号：

评价项目		评价标准	分值	评价			综合得分
				自评	互评	师评	
职业素养 15%	日常考勤	学习态度端正，无无故缺勤、迟到、早退现象	5				
	工作规范	严格遵守操作规程，精益求精、安全生产	5				
	团队合作	团队协作，分工明确，沟通良好	3				
	车间整理	工具、设备及时归位；保证车间清洁	2				
专业能力 65%	子任务一 传统小磨香油生产工艺控制	写出传统小磨香油工艺过程	10				
		分析传统小磨香油关键控制点	10				
	子任务二 自动化小磨香油生产工艺认知	炒籽能力设计	5				
		研磨能力设计	5				
		兑浆分油能力设计	10				
		主要工艺设备选型	25				

续表

评价项目		评价标准	分值	评价			综合得分
				自评	互评	师评	
任务成果20%	工作完整	能按时、按量完成任务	5				
	规范填写	能正确填写引导问题	5				
	成果展示	能准确表达、汇报工作成果	10				
合计			100				

课后作业

小磨香油自动化生产线和传统小磨香油生产技术相比较，有哪些继承和创新？

任务二

亚临界萃取小麦胚芽油

情境描述

小麦胚芽是小麦制粉加工的副产物，我国每年制粉工业可产 280 万～420 万 t 小麦胚芽。小麦胚芽作为小麦籽粒的精华部分，富含优质蛋白质、碳水化合物、脂肪、多种维生素及矿物质、微量元素等，其中脂肪含量为 8%～13%。小麦胚芽油富含维生素 E、亚油酸、亚麻酸、二十八碳醇及多种生理活性组分，天然维生素 E 含量为植物油之冠，对调节人体内电解质平衡、调节血压、降低胆固醇、预防心脑血管疾病有重要作用，被公认为一种颇具营养保健作用的功能性油脂，素有“油黄金”的美誉。

亚临界低温萃取技术具有萃取温度低、萃取压力低、分离温度低、萃取效率高、环境友好等优势，作为生物有效成分提取分离方法近 30 年来得到了迅速发展，被广泛应用于动植物油脂、植物精油、植物色素、中草药等加工领域。亚临界萃取得到的小麦胚芽油品质较好，能最大限度地保留微量生物活性成分，提高小麦胚芽油的营养价值和保健功能。

本学习任务分解成 2 个子任务，分别为亚临界萃取技术认知和亚临界萃取小麦胚芽油工艺控制。

学习目标

知识目标

1. 掌握亚临界萃取工艺流程。
2. 掌握常见的亚临界萃取溶剂。
3. 掌握亚临界萃取小麦胚芽油的主要工艺参数。

能力目标

1. 能正确绘制出亚临界萃取工艺流程方框图。
2. 能准确分析影响亚临界萃取效果的因素。

素质目标

1. 精确选择亚临界萃取小麦胚芽油的工作参数，培养精益求精的管理意识。
2. 正确分析影响亚临界萃取效果的因素，培养工程思维能力。

任务书

某亚临界萃取小麦胚芽油小试生产线（5L）见图 4-2，亚临界萃取小麦胚芽油工作任务单见表 4-4。

图 4-2 亚临界萃取小麦胚芽油小试生产线

表 4-4 亚临界萃取小麦胚芽油工作任务单

班级		组号		组长		日期		指导老师	
成员									
序号	**工作任务**		**要求**					**知识链接**	
1	亚临界萃取技术认知		识读亚临界萃取工艺流程图，标注核心设备及物料名称，将工艺流程图转化为方框图					亚临界萃取技术概述	

续表

序号	工作任务	要求	知识链接
2	亚临界萃取小麦胚芽油工艺控制	探究学习影响亚临界萃取效果的因素，填写亚临界萃取小麦胚芽油的主要的工艺参数	亚临界萃取效果的影响因素
工作准备	阅读工作任务书，借阅或上网查阅有关资料，获取亚临界萃取技术相关知识。结合工厂实际生产情况，收集亚临界萃取操作的控制要点、安全操作规程等资料		

工作实施

子任务一　亚临界萃取技术认知

引导问题 1： 亚临界是物质的一种存在的状态，当某些化合物的温度介于其沸点温度和临界温度之间，同时在压力低于物质的临界压力下，化合物会以流体形式存在，此时该物质的状态被称为__________。

引导问题 2： 亚临界萃取技术是根据有机物相似相溶的原理，利用处于__________状态的萃取溶剂与物料充分接触，在分子扩散过程中，物料中的某些成分会转移到液态的萃取溶剂中，经减压蒸发的过程将萃取溶剂与目的产物分离，最终得到目的产物的一种新型萃取分离技术。

引导问题 3： 常见的亚临界萃取剂包括（　　）。

A. 丙烷　　B. 丁烷　　C. 二甲醚　　D. 四氟乙烷（R134a）

E. 液氨

任务实施

读图 4-3 亚临界萃取工艺流程图，写出亚临界萃取系统的核心设备，并将工艺流程图转换为方框图。

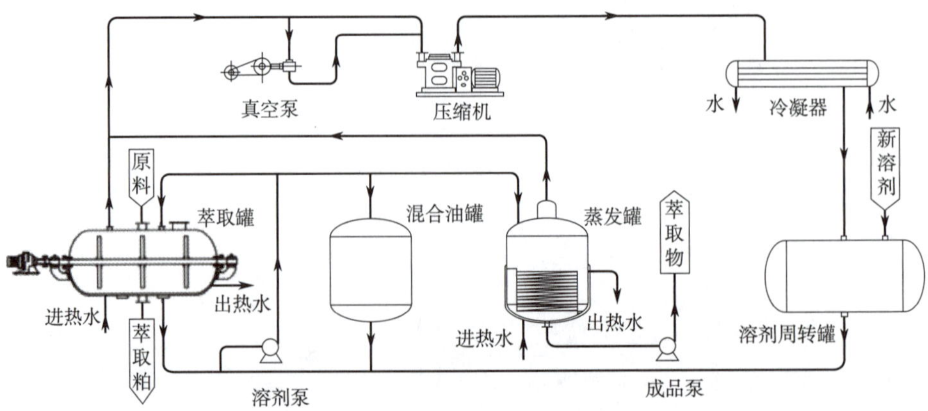

图 4-3　亚临界萃取工艺流程

知识链接

亚临界萃取技术概述

一、亚临界萃取的原理

亚临界萃取是利用亚临界溶剂作为萃取剂，在密闭、无氧、较低压力的容器内，依据有机物相似相溶的原理，通过萃取物料与萃取剂在浸泡过程中的分子扩散过程，达到固体物料中的脂溶性成分转移到液态的萃取剂中，再通过减压蒸发的过程将萃取剂与目标产物分离，最终得到目标产物。

亚临界萃取技术微课

亚临界是物质的一种存在的状态，当某些化合物的温度介于其沸点温度和临界温度之间，同时在压力低于物质的临界压力下，这些化合物会以流体形式存在，此时该物质的状态被称为亚临界流体。亚临界状态下的分子扩散性能增强，传质速度加快，在萃取过程中物质的渗透性和溶解能力显著提高，有一定的萃取选择性，具有萃取和分离的效果。由于亚临界萃取所用溶剂的沸点都在0℃以下，萃取后物料和萃取液的脱溶都在较低温度下进行，因此萃取物和萃余物的活性成分被破坏程度较低，是农产品加工过程中脱脂和半脱脂以及制取脱脂蛋白粉的关键技术。

二、亚临界萃取常用溶剂

适合于亚临界低温萃取的溶剂沸点都低于环境温度，一般沸点在0℃以下，如表4-5所示。目前用于食品生产加工的亚临界溶剂有非极性的丁烷、丙烷，以及丁烷和丙烷的混合溶剂，主要用于提取物料中的脂溶性成分，有时为了增加溶剂的极性，把乙醇等极性溶剂作为夹带剂加入到溶剂中，添加量在5%~20%。二甲醚具有脱水脱脂的效果。四氟乙烷等溶剂只能作为非食品物料的加工使用，其中四氟乙烷对萃取一些物料中的小分子挥发油有较好的效果。液氨用作亚临界萃取溶剂，是一种理想的极性溶剂，性质与水相近，可用来萃取植物多糖、植物多酚、生物碱、植物黄酮、生物甙、色素等各种水溶性的物质成分，加上亚临界萃取对热敏性成分的保质优势，是取代水和乙醇等极性溶剂的理想溶剂。

表 4-5 亚临界萃取常用的溶剂及物理性质

项目	丙烷	丁烷	二甲醚	四氟乙烷	液氨
分子式	C_3H_8	C_4H_{10}	CH_3OCH_3	CH_2FCF_3	NH_3
相对分子质量	44	58		102	17
沸点/℃	-42	-0.5	-24.9	-26.2	-33.4
20℃时蒸气压力/MPa	0.83	0.23	0.533	0.6	0.88
临界温度/℃	95.7	152.8	129	101.1	132.3
临界压力/MPa	4.4	3.6	5.32	4.07	11.3
25℃液体密度/(kg/L)	0.49	0.57	0.66	1.2	0.61
25℃液体密度/(kg/m^3)	20.15	6.18			0.6
介电常数	1.69	1.78	5.02		16.9
30℃汽化潜热/(kJ/kg)	329	358	410	216	1369
爆炸极限/%	2.3~9.5	1.9~8.5	3.5~27	不燃	16~25
毒性及 LC_{50}/(mg/m^3)	微毒	微毒 680	30800	无毒	1390
形状	无色有味	无色有味	无色有味	无色有味	无色有刺激性气味

三、亚临界萃取技术的优势

亚临界低温萃取设备工作压力在 0.5MPa 左右，工作温度为 35~50℃，既有 6 号溶剂浸出法的低成本、规模化的优点，又有超临界 CO_2 萃取法的高活性特点。亚临界萃取技术具有以下优势。

（1）常温萃取，低温脱溶　对物料中的热敏性成分损害小，挥发性精油损失小，保留了油中的微量活性物质及粕中水溶性蛋白等。

（2）节能　萃取溶剂蒸发耗能少，脱溶过程不必使物料升温，同时在生产型装置中，利用系统内部热交换，将压缩机压缩后的高温气体与低温混合油进行热交换，减少了蒸发时外来热量的补充，降低了能耗。

（3）选择性强，应用广泛　与 6 号溶剂相比，亚临界萃取对多种物质的选择性更强，同时亚临界萃取以其特色工艺而应用于多个领域，从天然产物有效成分提取到农林产品及下脚料的加工，广泛用于生产食品、化妆品、医药、保健品及生物制品等。

子任务二　亚临界萃取小麦胚芽油工艺控制

引导问题 1： 小麦胚芽是小麦经清麦、润麦、破损、分离、干燥灭酶、包装等工艺提取的__________及混有少量麦皮和胚乳的混合物。

引导问题 2： LS/T 3251—2017《小麦胚油》中小麦胚芽油的质量指标包括哪些？

____

____

____

引导问题 3： 亚临界萃取小麦胚芽油工艺重要的参数有哪些？

____

____

____

任务实施

确定亚临界萃取小麦胚芽油工艺参数，并在表 4-6 填写主要参数控制范围。

表 4-6　　亚临界萃取小麦胚芽油主要参数控制范围

序号	部位	控制范围	备注

知识链接

亚临界萃取小麦胚芽油操作规程

亚临界萃取效果的影响因素微课

亚临界萃取效果的影响因素

亚临界萃取效果与溶料比、搅拌、萃取温度、萃取时间、萃取压力、萃取次数、萃取溶剂、夹带剂的选型、溶剂循环、超声辅助和物料预处理方式等因素有关。

1. 溶料比

从理论上说，溶料比越大，萃取效率越高，在工业化的生产过程由于质量成本的优化，一般控制在 1∶(1.15~1.2)。

2. 搅拌

萃取的过程是分子相对扩散的过程，适度的搅拌可以使溶剂和物料充分混合，减少萃取中外扩散阻力，使萃取体系的浓度朝有利于固体物中的脂溶性成分向液体的溶剂中扩散。

3. 萃取温度与压力

提高萃取温度能增加分子的运动速率，从而提高萃取的速度，但是，过高的温度又会造成活性成分的灭活，生产过程中通常将温度控制在 20~45℃。压力与温度呈正相关关系，随着萃取温度的上升，萃取压力相应提高，压力升高，有助于提高萃取效果，但在规模化生产中并不将压力作为调控参数，只是控制萃取压力不要高于萃取罐的设计压力。

4. 萃取时间与次数

针对不同的物料，要先在亚临界萃取科研试验装置上通过正交试验得出合理的萃取时间和次数，同时在生产过程中通过罐组间的逆流萃取工艺得以提高萃取效率。

5. 萃取溶剂及夹带剂的选型

不同的溶剂对同一物料的萃取所得到的目标产物是有差别的，可以通过试验效果来确定合适的溶剂或混合溶剂。对某些物料萃取过程中加入特定的夹带剂可影响溶剂的极性、密度或内部分子间的相互作用，得以显著增加对这一物料的溶解能力和萃取效果。

6. 利用超声波

在亚临界萃取天然动植物活性成分的过程中，通过超声波的“空化”作用，以达到激化提取溶媒渗透、溶解、扩散活性，减少萃取的外扩散阻力，能缩短萃取时间，从而提高萃取的效率，相应产量提高，成本降低。

7. 物料的预处理

要想尽可能多地将脂溶性成分萃取出来，就要尽可能破坏植物的细胞壁，打通油脂从细胞壁中出来的通道。物料在萃取前需要进行适当地预处理，预处理是否合理直接决定了萃取的效果。不同的原料有其相适应的预处理方法，通常方法有粉碎、轧坯、造粒、膨化、微波、液压压榨、螺旋压榨、破壁、搅碎或者以上两种或多种方法的联用。

任务评价

亚临界萃取小麦胚芽油学习任务评价表见表 4-7。

表 4-7　亚临界萃取小麦胚芽油学习任务评价表

班级：　　　　　　姓名：　　　　　　学号：

<table>
<tr><th colspan="2" rowspan="2">评价项目</th><th rowspan="2">评价标准</th><th rowspan="2">分值</th><th colspan="3">评价</th><th rowspan="2">综合得分</th></tr>
<tr><th>自评</th><th>互评</th><th>师评</th></tr>
<tr><td rowspan="4">职业素养 15%</td><td>日常考勤</td><td>学习态度端正，无无故缺勤、迟到、早退现象</td><td>5</td><td></td><td></td><td></td><td></td></tr>
<tr><td>工作规范</td><td>严格遵守操作规程，精益求精、安全生产</td><td>5</td><td></td><td></td><td></td><td></td></tr>
<tr><td>团队合作</td><td>团队协作，分工明确，沟通良好</td><td>3</td><td></td><td></td><td></td><td></td></tr>
<tr><td>车间整理</td><td>工具、设备及时归位；保证车间清洁</td><td>2</td><td></td><td></td><td></td><td></td></tr>
<tr><td rowspan="4">专业能力 65%</td><td rowspan="2">子任务一
亚临界萃取技术认知</td><td>将亚临界萃取工艺流程图转化为相应的方框图</td><td>15</td><td></td><td></td><td></td><td></td></tr>
<tr><td>准确指出亚临界萃取系统的核心设备</td><td>15</td><td></td><td></td><td></td><td></td></tr>
<tr><td rowspan="2">子任务二
亚临界萃取小麦胚芽油工艺控制</td><td>确定亚临界萃取小麦胚芽油工艺的相关参数</td><td>15</td><td></td><td></td><td></td><td></td></tr>
<tr><td>正确填写亚临界萃取小麦胚芽油相关参数的控制范围</td><td>20</td><td></td><td></td><td></td><td></td></tr>
<tr><td rowspan="3">任务成果 20%</td><td>工作完整</td><td>能按时、按量完成任务</td><td>5</td><td></td><td></td><td></td><td></td></tr>
<tr><td>规范填写</td><td>能正确填写引导问题</td><td>5</td><td></td><td></td><td></td><td></td></tr>
<tr><td>成果展示</td><td>能准确表达、汇报工作成果</td><td>10</td><td></td><td></td><td></td><td></td></tr>
<tr><td colspan="3">合计</td><td>100</td><td></td><td></td><td></td><td></td></tr>
</table>

课后作业

亚临界萃取技术作为生物有效成分提取分离方法，近 30 年迅速发展，被广泛应用于动植物油脂、植物精油、植物色素、中草药、蛋白质等加工领域，已建成科研装置 90 余套，规模化生产装备 200 余套，并出口到加拿大、美国、印度、印度尼西亚、泰国、菲律宾、乌兹别克斯坦等国家。请写出亚临界萃取技术的优势主要体现在哪些方面。

任务三

超临界萃取稻米油

情境描述

米糠是全球重要的油料资源，全球米糖资源多达5000万t以上。中国是世界上最大的稻米生产国，作为稻米生产的副产物——米糠资源丰富。米糠含油量可以达到12%~23%。其中亚油酸和油酸的含量分别为38%和42%，具有较高的营养价值。稻米油中的脂肪酸组成、维生素E、固醇和谷维素等既有利于人体的吸收，又具有清除血液中的胆固醇、降低血脂及促进人体生长发育等有益作用。

米糠具有易酸败、氧化稳定性差、集中收集难度大等缺点，目前我国对于米糠的深度开发不足，只有少部分用于制取油脂及谷维素等高附加值产品，稻米油的开发和利用可很好地缓解我国植物油供需不平衡问题。

传统的稻米油提取方法为溶剂浸出法和机械压榨法。超临界 CO_2 萃取技术具有提取温度低、传质速率快、工艺流程简单、惰性无毒、容易分离、产品中无溶剂残留等优点，有助于稻米油的高效提取和分离。

本学习任务分解成2个子任务，分别为超临界萃取技术认知和超临界萃取稻米油工艺控制。

学习目标

知识目标

1. 掌握超临界萃取工艺流程。
2. 掌握常见的超临界萃取溶剂。
3. 掌握超临界萃取稻米油的主要工艺参数。

能力目标

1. 能正确绘制出超临界萃取工艺流程方框图。
2. 能准确分析影响超临界萃取效果的因素。

素质目标

1. 精确选择超临界萃取稻米油的工作参数，培养精益求精的管理意识。

2. 正确分析影响超临界萃取效果的因素，培养工程思维能力。

任务书

超临界萃取稻米油工作任务单见表 4-8。

表 4-8　　超临界萃取稻米油工作任务单

班级		组号		组长		日期		指导老师	
成员									
序号	工作任务		要求					知识链接	
1	超临界萃取技术认知		识读超临界萃取工艺流程图，标注核心设备及物料名称，将工艺流程图转化为方框图					超临界萃取技术概述	
2	超临界萃取稻米油工艺控制		探究学习影响超临界萃取效果的因素，填写超临界萃取稻米油的主要的工艺参数					超临界萃取效果的影响因素	
工作准备	阅读工作任务书，借阅或上网查阅有关资料，获取超临界萃取技术相关知识。结合工厂实际生产情况，收集超临界萃取操作的控制要点、安全操作规程等资料								

工作实施

子任务一　超临界萃取技术认知

引导问题 1： 超临界流体萃取即通过调整__________和__________来改变流体的密度，从而改变流体的萃取能力，实现不同物质的萃取分离。超临界萃取技术是以超临界状态的流体作为溶剂，利用该状态下流体具有的高渗透及高溶解能力，萃取分离混合物质的一种新技术。

引导问题 2： 用超临界萃取方法提取天然产物时，一般用 CO_2 作萃取剂的原因是（　　）。(多选题)

A. CO_2 的临界温度和临界压力低

B. CO_2 可看作是与水相似的无毒、廉价的有机溶剂

C. CO_2 在使用过程中稳定、无毒、不燃烧、安全、不污染环境

D. CO_2 的萃取物中不含硝酸盐和有害的重金量，并且无有害溶剂的残留

E. 在超临界 CO_2 萃取时，被萃取物质通过降低压力，或升高温度即可析出，不必经过反复萃取操作

任务实施

读图 4-4 超临界萃取工艺流程图，写出超临界萃取系统的核心设备，

并将工艺流程图转换为工艺方框图。

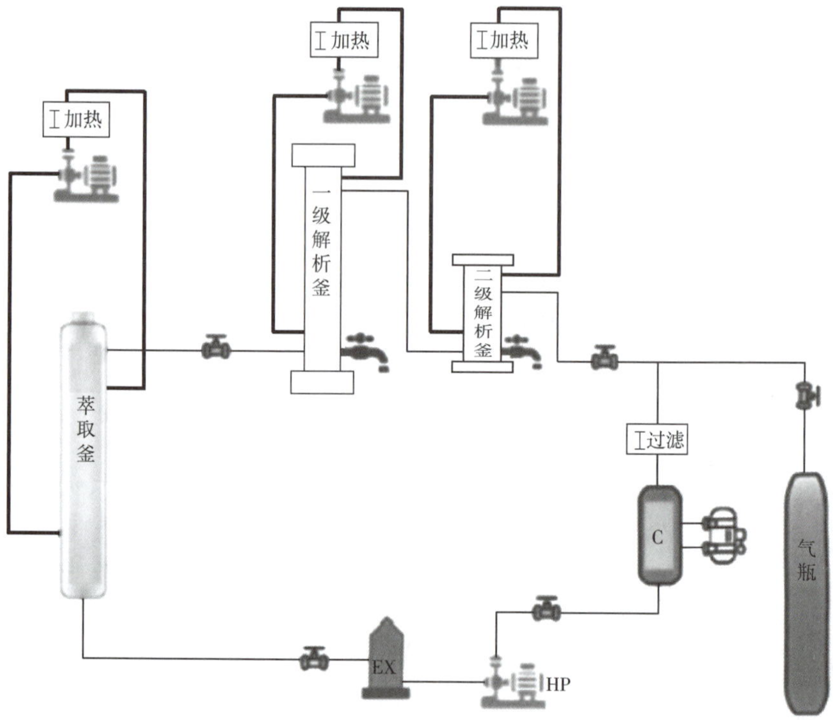

图 4-4　超临界萃取工艺流程图

知识链接

超临界萃取技术概述

一、超临界萃取的原理

超临界流体是处于临界温度和临界压力以上的非凝缩性的高密度流体。超临界流体没有明显的气液分界面，既不是气体，也不是液体，是一种气液不分的状态，性质介于气体和液体之间，具有优异的溶剂性质，黏度低，密度大，有较好的流动、传质、传热和溶解性能。

流体处于超临界状态时，其密度接近于液体密度，并且随流体压力和温度的改变发生十分明显的变化，而溶质在超临界流体中的溶解度随超临界流体密度的增大而增大。超临界流体萃取正是利用这种性质，在较高压力下，将溶质溶解于流体中，然后降低流体溶液的压力或升高流体溶液的温度，使溶解于超临界流体中的溶质因其密度下降、溶解度降低而析出，从而实现特定溶质的萃取。

二、流体材料及夹带剂

能够作为超临界流体的物质有很多，如 CO_2、CH_3CH_3、CH_4O、NH_4 和 H_2O 等。但采用超临界流体萃取提取天然产物时，通常选用 CO_2 作为超临界流体。这是因为 CO_2 临界温度（$T_c = 31.06℃$）是超临界流体中临界点最接近室温的，因此采用 CO_2 萃取天然物质时可以在室温下完成，而萃取完成后恢复至常温常压后，CO_2 能够瞬间恢复至气体从而与目标物分离。此外，CO_2 以临界压力（$P_c = 7.39MPa$）适中，临界密度（$\rho = 0.448g/cm^3$）高，对有机物溶解能力强、选择性好，具有价低、无毒、环保、惰性等优势，成为最常用的超临界流体。

超临界萃取技术微课

为提高超临界流体的溶解性，增加溶质溶解度对温度、压力的敏感程度，调整超临界流体的临界参数，在采用超临界萃取技术对有机物质进行提取时，通常需要在超临界流体中加入一定量的夹带剂。

三、超临界萃取技术的特点

（1）操作温度低　能较完好地使萃取物的有效成分不被破坏，不发生次生化，可在接近常温下完成萃取工艺，对热敏性食品以及食品的风味不会产生影响；特别适合那些对热敏感性强、容易氧化分解、容易被破坏的成分的提取和分离。

（2）在高压、密闭、惰性环境中，选择性萃取分离天然物质精华。在最佳工艺条件下，能将提取的成分几乎完全提出，从而大大提高了产品的收率和资源的利用率。

（3）萃取工艺简单，效率高且无污染。萃取过程通常将原料和超临界流体一同进入萃取釜，在萃取釜内超临界流体有选择地将原料中的组分溶解在其中，然后含有萃取物的超临界流体经过恒温降压或恒压升温进入分离釜，在分离釜内将萃取物与超临界流体分离，分离后的超临界流体经过精制可循环使用。

子任务二　超临界萃取稻米油工艺控制

引导问题 1： 稻米油约含饱和脂肪酸（20%）、__________（47%）、多不饱和脂肪酸（3%），在人体能很好地被吸收，吸收率高达 90%。同时含有丰富的生物活性成分（v-谷维素、植物固醇、维生素 E 和角鲨烯等），是联合国卫生组织评选的世界三大健康油脂之一。

引导问题 2： GB/T 19112—2003《米糠油》标准中稻米油的质量指标

包括哪些？

引导问题 3：超临界萃取稻米油工艺中重要的工艺参数有哪些？

任务实施

确定超临界萃取稻米油工艺参数，并在表 4-9 填写主要参数控制范围。

表 4-9 超临界萃取稻米油主要参数控制范围

序号	部位	控制范围	备注

知识链接

超临界萃取效果的影响因素

超临界萃取操作规程

在超临界流体萃取过程中，原料的性质即相对分子质量、极性等是影响超临界流体萃取的内部因素，以有效成分的萃取得率和生物学活性来说，溶剂的选择、萃取压力及温度、分离压力及温度、流体流量和萃取时间是外部可控因素，其中萃取的压力及温度影响最为明显，可通过试验来进行优化。

一、原料

原料即溶质、被萃取的样本，超临界流体萃取适用于固体或液体样品，不同的样品萃取过程也稍有不同。当样品为固体时，样品的物理状态对萃取效果有很大的影响。如粉碎粒度会影响传质速率，进而影响萃取得率，因此要选择合适的粉碎粒度来尽可能地增加物料与溶剂的表面接触面积。通常，样品中有一定的水分也会降低萃取得率，选择干样品萃取得率会明显提高。对于液体样品而言，通常采用逆流萃取来增加超临界流体与样品的接触面积。因此不同的样品与超临界流体的接触面以及传质过程都有不同。

超临界萃取效果的影响因素微课

二、萃取压力

温度一定时，超临界 CO_2 的溶解能力往往随着萃取压力的升高而增强，但当压力增加到一定程度后，溶解力增加变得缓慢，过高的压力会导致难挥发的物质被萃取出来以及萃取物中的杂质增多。通常弱极性的物质在较低的压力下即可进行萃取，极性较强的物质则需要在较高的压力下萃取。因此，对于不同的萃取物，其最佳的操作压力有很大的不同。

三、萃取温度

CO_2 临界点附近的低压区，升高温度可提高分离组分的挥发度和扩散能力，但却不足以补充超临界 CO_2 的密度随温度升高而急剧下降所导致的溶解能力下降；高压区超临界 CO_2 的密度大，可压缩性小，此时升高温度 CO_2 的密度降低较少，但待分离组分的蒸气压和扩散系数显著提高，增加了溶质的溶解能力。

四、萃取时间和 CO_2 流量

萃取刚开始时，溶剂与溶质之间的接触不足，收率较低，随着萃取时间的延长，传质达到一定程度，萃取速率增大，直到达到最大之后，由于待分离组分的减少，传质动力降低而使萃取速率降低。当收率一定时，流量越大，溶剂和溶质间的传热阻力越小，萃取的速度越快，所需要的时间越短，但萃取的回收负荷将增大。因此，从经济上考虑应选择适宜的萃取时间和流量。

五、物料的粒度

萃取物的颗粒大小要适中，粒度越小，与超临界流体的接触面积越大，增加了传质效果，有利于提高萃取速度。但粒度过小则会堵塞筛孔，进而造成萃取器出口过滤网的堵塞，从而降低提取效果，反而不利于萃取。

六、夹带剂

夹带剂，又称为携带剂，在超临界流体萃取过程中，可以与流体溶剂混匀，挥发性介于待萃取物质与超临界组分之间，可以提高溶解度和选择性。当超临界流体萃取使用单一气体时，溶解性和选择性往往受到一定程度的限制。超临界 CO_2 流体具有亲脂性，是非极性溶剂，根据相似相溶原理，它对非极性的油溶性物质具有较好的溶解能力，而对有一定极性的物质的溶解度则较差。此时，常需加入不同极性的夹带剂以调节超临界 CO_2 流体的极性，提高被萃取物质在 CO_2 流体中的溶解度，如甲醇、甲苯、丙酮、乙酸乙酯、水等，一般不超过 5%。选择夹带剂时要综合考虑夹带剂的性质、被萃取物性质以及避免使用有害物质等。

任务评价

超临界萃取稻米油学习任务评价表见表 4-10。

表 4-10　　超临界萃取稻米油学习任务评价表

班级：　　　　姓名：　　　　学号：

评价项目		评价标准	分值	评价			综合得分
				自评	互评	师评	
职业素养 15%	日常考勤	学习态度端正，无无故缺勤、迟到、早退现象	5				
	工作规范	严格遵守操作规程，精益求精、安全生产	5				
	团队合作	团队协作，分工明确，沟通良好	3				
	车间整理	工具、设备及时归位；保证车间清洁	2				
专业能力 65%	子任务一 超临界萃取稻米油工艺认知	将超临界萃取工艺流程图转化为相应的方框图	15				
		准确指出超临界萃取工艺涉及的主要设备	15				
	子任务二 超临界萃取稻米油工艺控制	准确确定超临界萃取稻米油工艺的相关参数	15				
		正确填写超临界萃取稻米油相关参数的控制范围	20				
任务成果 20%	工作完整	能按时、按量完成任务	5				
	规范填写	能正确填写引导问题	5				
	成果展示	能准确表达、汇报工作成果	10				
合计			100				

功能性油脂的提取微课

课后作业

常压浸出、低温压榨、亚临界萃取、超临界萃取均具备提取油脂的功能，结合油脂生产工艺对比四种方法提取油脂的优缺点。

参考文献

[1] 刘玉兰. 油脂制取与加工工艺学 [M]. 北京：科学出版社，2009.

[2] 郑竞成，等. 花生油加工技术 [M]. 北京：中国轻工业出版社，2019.

[3] 周瑞宝. 花生加工技术 [M]. 北京：化学工业出版社，2003.

[4] 李殿宝. 油脂制取工艺与设备 [M]. 北京：中国财政经济出版社，2003.

[5] 何东平，等. 中国制油史 [M]. 北京：中国轻工业出版社，2015.

[6] 叶展，徐勇将，刘元法. 食用植物油脂制取与精炼技术研究进展 [J]. 食品与生物技术学报，2022，41 (6)：1-12.

[7] 刘振华，刘丽娜，徐同成. 花生加工技术研究 [M]. 北京：中国农业科学技术出版社，2016.

[8] 祁鲲. 亚临界生物萃取技术及应用 [M]. 郑州：郑州大学出版社，2019.

[9] 朱新亮，淦菁，刘运革，等. 亚临界萃取技术在食用油及农产品加工中的应用 [J]. 粮油与饲料科技，2020 (4)：15-19.

[10] 王金顺，侯晶晶，杨倩，等. 亚临界低温萃取技术装备和应用研究进展 [J]. 中国油脂，2022，47 (5)：132-137.

[11] 王金顺，杨倩，蔡德水. 小米糠油的亚临界低温提取生产工艺 [J]. 粮油加工，2020 (5)：49-51.

[12] 沈玉平，周旭，张祖姣，等. 水酶法提取油脂研究进展 [J]. 中国油脂，2021，46 (2)：14-19.

[13] 史瑞雪，王惠玲. 特种植物油脂新食品原料的营养生理功效比较研究 [J]. 粮食与食品工业，2016，23 (6)：13-19.

[14] 兴丽，赵凤敏，曹有福. 超临界 CO_2 萃取稻米油工艺研究 [J]. 农业机械，2011，12：27-29.

[15] 苗笑雨，谷大海，程志斌，等. 超临界流体萃取技术及其在食品工业中的应用 [J]. 食品研究与开发，2018，39 (5)：209-218.

[16] 朱自强. 超临界流体技术原理和应用 [M]. 北京：化学工业出版社，2000.

[17] 安军红. 超临界二氧化碳萃取天然产物的应用现状 [J]. 广州化工，2022，50 (15)：25-28.

[18] 岳丽，蔡远强，敬思群. 功能性油脂提取技术研究进展 [J]. 食品工业，2015，36 (1)：251-253.

[19] 郑建仙，等. 功能性食品学 [M]. 北京：中国轻工业出版社，2003.

［20］蒲凤琳，孙伟峰，车振明．功能性油脂研究与开发进展［J］．粮食与油脂，2016，29（8）：5-8.

［21］胡子聪，胡超凡，李彦坡，等．石榴籽油的提取、营养组成及健康功效研究进展［J/OL］．中国油料作物学报：1-13［2023-09-07］．https://doi.org/10.19802/j.issn.1007-9084.2022234.

［22］李瑞国，韩延雷，徐慧，等．传统小磨香油自动化生产车间设计探讨［J］．中国油脂，2019，44（11）：148-151.